智能机器人系列创新实践教材
新工科机器人设计制作应用型人才培养精品教材

Arduino 机器人
制作、编程与创新应用

陈勇志　编　著

西南交通大学出版社
·成都·

图书在版编目（Ｃ Ｉ Ｐ）数据

Arduino 机器人制作、编程与创新应用 / 陈勇志编著
. —成都：西南交通大学出版社，2020.11
　智能机器人系列创新实践教材　新工科机器人设计制
作应用型人才培养精品教材
　ISBN 978-7-5643-7763-2

　Ⅰ．①A… Ⅱ．①陈… Ⅲ．①智能机器人 – 教材
Ⅳ．①TP242.6

中国版本图书馆 CIP 数据核字（2020）第 204458 号

智能机器人系列创新实践教材
新工科机器人设计制作应用型人才培养精品教材

Arduino Jiqiren Zhizuo、Biancheng yu Chuangxin Yingyong
Arduino 机器人制作、编程与创新应用

陈勇志　编著

责任编辑	李华宇
封面设计	何东琳设计工作室

出版发行	西南交通大学出版社
	（四川省成都市金牛区二环路北一段 111 号
	西南交通大学创新大厦 21 楼）
邮政编码	610031
发行部电话	028-87600564　　　028-87600533
网址	http://www.xnjdcbs.com
印刷	四川森林印务有限责任公司

成品尺寸	170 mm×230 mm
印张	9.25
字数	138 千
版次	2020 年 11 月第 1 版
印次	2020 年 11 月第 1 次
书号	ISBN 978-7-5643-7763-2
定价	30.00 元

课件咨询电话：028-81435775

前言

  Arduino 主要是以 AVR 单片机为核心控制器的单片机应用开发板，开发人员为了使没有单片机基础的人员也能制作自己想做的东西，便为 Arduino 开发了许多常用的函数和应用库，这样就可以不用去操作寄存器，使操作简单起来。例如比较 5 个数据的最小值，在 Arduino 中直接使用 min 函数即可，而不需要多次使用条件语句进行比较，简化了大部分代码。因此可以说，学习 Arduino 其实是快速开发机器人的一种方法。

  机器人是一个典型的光机电算一体化系统，它融合了光学、机械、电子、传感器、通信、计算机软硬件和人工智能等众多先进技术，是目前世界各国高校进行创新思维训练、创新技能训练、工程实践训练最理想的平台之一。本书以 Arduino UNO 开发板控制的机器人为例来介绍 Arduino 的开发与应用。

  本书以教娱机器人产品的设计和开发为主线，应用系统工程的设计理念，将各个专业的技术和模块与机器人系统集成，循序渐进地开发和制作教娱机器人产品，最终开发和制作出一个具有中等复杂程度的机器人产品。利用本教材给的案例和作业，可以学习 Arduino 的编程和程序的调试。从一开始，了解机器人的传感器设置与机器人设计，到后面自行设计程序，需要大家多做多试，相互之间多加讨论，共同学习，共同进步。

机电控制在现代工业中占有非常重要的地位，小到无人机，大到工厂里的大型机床，都是属于机电控制这方面的。学习 Arduino，熟练掌握 Arduino，对大家后期学习单片机或者学习其他编程语言（如 STM32、C#、Phython 等）都有很大的帮助，除了基础知识的掌握，另外尤其重要的是锻炼逻辑严密的编程思维。在现在创客文化比较流行的环境下，Arduino 的简单易用，使得追求个性的人有了更多的发挥空间，人们可以用它来实现自己的创意，满足自己的个性追求。

本书第 1~3 章介绍的是 Arduino 相关基础知识，如果读者已经有一定的 Arduino 开发经验或者学过 Arduino 机器人制作和编程入门教程，可以直接从第 4 章开始学。

本书不仅适合大学生学习，同时也适合有激情、有较高领悟力的中学生学习，还适合 Arduino 机器人制作爱好者自主学习。本书可作为高等院校机器人制作课或者工程实践课的教材，也可作为实验室新进成员培训与学习的参考书。

陈勇志

2020 年 8 月

目　录

第 1 章

数字电子技术基础

1.1 数字量与模拟量

数字量的特点是其变化在时间上和数量上都是离散的、不连续的。例如，使用一个普通的按钮开关，它的状态只有开与闭，它的变化总是发生在一系列离散的瞬间。常把数字量的信号称为数字信号，并且把产生或可读取数字信号的电路称为数字电路。

模拟量的特点是其变化在时间上或数值上是连续的。例如，呼吸灯现象中，通过 LED 灯的电流值是随时间连续变化的。常把模拟量的信号称为模拟信号，并且把产生或可读取模拟信号的电路称为模拟电路。

从所用数学工具的角度来看数字电路与模拟电路，数字电路的特征是使用布尔代数（true 与 false）；模拟电路的特征是使用微分方程、拉斯变换等。

1.2 数 制

数制就是我们常说的十进制、二进制、八进制、十六进制等。

1. 十进制

基数为十：0~9，位权为：10^i。

例如：$256.7=2\times10^2+5\times10^1+6\times10^0+7\times10^{-1}$，其中 2、5、6、7 这些数字就是基数。

2. 二进制

基数为二：0~1，位权为：2^i。

例如：$1001=1\times2^3+0\times2^2+0\times2^1+1\times2^0=9$（十进制）。

3. 八进制

基数为八：0~7，位权为：8^i。

例如：$0312=3\times8^2+1\times8^1+2\times8^0=202$（十进制）。

注：八进制，Octal，缩写为 OCT 或 O，常以数字 0 开始表明该数字是八进制。

4. 十六进制

基数为十六：0~F，位权为：16^i。

例如：$0X73=7\times16^1+3\times16^0=115$（十六进制 73 转十进制就是 115）。

注：常以 0X 开头表示十六进制。

1.3 逻辑代数基础与门电路

布尔代数（逻辑代数）：描述客观事物逻辑关系的数学方法，其变量取值只有两种，true（1）或 false（0），称为二值逻辑。

二值逻辑中，每个逻辑变量的取值只有"0"和"1"两种可能；此时 0，1 不表示大小，只代表两种不同的逻辑状态。在 Arduino 的二值逻辑中，用 1 表示高电平，用 0 表示低电平。

逻辑代数的基本运算有三种：与、或、非。

实现基本逻辑运算和复合运算的单元电路称为门电路。常用的门电路有与门、或门、非门、与非门、或非门、异或门、与或非门等。图 1-3-1 所示为与、或、非三种逻辑电路。只有决定结果的全部条件同时成立时，结果才发生，这种因果关系叫作逻辑与。决定结果的各个条件中只要有一个满足，结果就会发生，这种因果关系叫作逻辑或。条件具备时，结果不发生；条件不具备时，结果一定发生，这种因果关系叫作逻辑非。

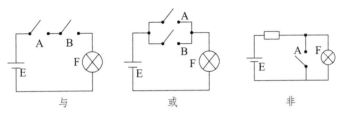

图 1-3-1　逻辑电路

在 Arduino 编程中，逻辑与用 "&&" 表示，逻辑或用 "||" 表示，逻辑非用 "!" 表示，常用 if 语句与以上三种逻辑运算（与、或、非）进行条件的判断。例如：

if((i > 3) && (i < 8)){ 动作一 }

如果 i 值大于 3 且小于 8，那么就执行动作一；

if((i< 3) || (i> 8)){ 动作二 }

如果 i 值小于 3 或者大于 8，那么就执行动作二；

if(i != 0){ 动作三 }

如果 i 值不等于 0，那么就执行动作三。

第 2 章

C 语言基础

2.1 数据类型及相关语法

1. int（整型）

int 一般用于定义整数的变量，例如：

```
int ledPin = 10;
```

语法是

```
int var = val;
```

var 表示变量名

val 表示赋给变量的值，整数的范围为-32768 到 32767（ $-2^{15} \sim 2^{15}-1$ ）。

int 还会用于定义整型的数组，例如：

一维数组：

```
int a[5] = {1, 2, 3, 4, 5};
```

二维数组：

```
int a[5][3]={{80,75,92}, {61,65,71}, {59,63,70}, {85,87,90}, {76,77,85} };
```

2. float（单精度浮点型）

float 一般用于定义有小数点的变量，例如：

float c=3.14;

语法是

float var = val;

var 表示变量名称；

val 表示赋给变量的值，浮点数的取值范围在 $-3.4028235 \times 10^{38}$ ~ 3.4028235×10^{38}。

3. byte（字节型）

一个字节存储 8 位无符号数，从 0 到 255。

例如：

byte b = B10010;   // "B" 是二进制格式（B10010 等于十进制 18）

"//"表示单行注释，"/**/"表示多行注释，注释是不会被编译器识别的。

4. unsigned char（无符号字符型）

unsigned char 一般用于定义十六进制的数组，例如：

unsigned char data1[3]= {0x55,0x06,0x01};

在 Arduino 串口通信应用章节中，对于发送十六进制数组的程序设计，需要开发者懂得如何定义。

5. String（定义字符串）

例如：

String text1 = "This string";

6. void（函数声明）

void 只用在函数声明中。它表示该函数将不会被返回任何数据到它被调用的函数中。例如：

```
void LED_work(void)
{
int ledPin = 10;
```

```
    ...
    }
```

2.2 关键字

1. HIGH 与 LOW

在 Arduino 开发中,HIGH 代表高电平,LOW 代表低电平。HIGH 与 LOW 只发生在 Arduino 的数字引脚定义中。HIGH 可以用 1 来表示,LOW 可以用 0 来表示。

2. INPUT 与 OUTPUT

在 Arduino 开发中,INPUT 代表输入,OUTPUT 代表输出,也是发生在 Arduino 的数字引脚定义中。

2.3 运算符

运算符见表 2-3-1。

表 2-3-1 运算符

算术运算符	比较运算符	复合运算符	布尔运算符	指针运算符
=(赋值)	==(等于)	++自加	&&(逻辑与)	* 指针运算符
+(加)	!=(不等于)	--自减	‖(逻辑或)	&地址运算符
-(减)	<(小于)	+=复合加	!(非)	
*(乘)	>(大于)	-=复合减		
/(除)	<=(小于等于)	*=复合乘		

算术运算符	比较运算符	复合运算符	布尔运算符	指针运算符
%(求余)	>=(大于等于)	/=复合除		
		&=复合与		
		|=复合或		

1. 算术运算符与比较运算符

"i = 1"与"i== 1"是不同含义的。前者是代表将 1 赋值给 i；而后者代表 i 等于 1，一般用于作为判断语句中的条件，也就是说，"i == 1"是常带括号出现的。

例如：

```
if(i == 1)
{动作一}
```

或者

```
while(i == 1)
{动作一}
```

2. 复合运算

（1）自加"++"。

例如：

```
i++; //相当于 i = i + 1
```

（2）自减"--"。

例如：

```
i--; //相当于 i = i-1
```

（3）复合加"+="。

例如：

```
i+=5;//相当于 i = i + 5
```

（4）复合减"-="。

例如：

i-=5; //相当于 i = i – 5

3. 布尔运算

（1）&&（逻辑与）。
例如：

((i> 10) && (i< 20)); //代表 i 大于 10 且小于 20

（2）||（逻辑或）。
例如：

((x > 0) || (y > 0)); //代表 x 大于 0 或者 y 大于 0

2.4　控制结构

1. #include 包含

#include 用于包含头文件，例如：

#include <Servo.h>

2. #define 宏定义

例如：

#define ledPin 10 // 编译器在编译时会将任何提及 ledPin 的地方替换成数值 10

3. if 语句

示例 1：

if(条件一)
{执行动作一}

示例 2：

if(i< 2) {i*=5;} //如果 i 小于 2，那么 i=i*5

4. if…else…语句

示例 1：

```
if(条件一)
  {执行动作一  }
else
{执行动作二}
```

示例 2：

```
if(条件一)
  {执行动作一  }
else if
{执行动作二}
else
{执行动作三}
```

5. for 循环

语句结构为：

```
for (初始化部分;条件判断部分;数据递增部分)
  {
    // 动作一
  }
```

示例：

```
for (int i=0; i<= 255; i++)
  {
    analogWrite(PWMpin, i); //模拟输出的动作
    delay(10);
  }
```

6. switch case 判断语句

一般要配合 break 使用。

示例：

```
switch(i)
{
    case '1':
        // 动作一
        break;
    case '2':
        // 动作二
        break;
}
```

该程序的含义是：如果 i 等于 1（i==1），则执行动作一；如果 i 等于 2（i==2），则执行动作二。注意：case 后面用单引号以及冒号。

7. while 循环

while 循环将会连续地无限地循环，直到圆括号（ ）中的表达式变为假。被测试的变量必须被改变，否则 while 循环将永远不会被终止。这里可以是代码（如一个递增的变量），或者是一个外部条件（如测试一个传感器）。

示例：做 200 次重复的事。

```
int i = 0;
...
while(i< 200)
{
    // 动作一
    i++;
}
```

8. do-while 循环

do-while 循环与 while 循环的不同在于：它先执行循环中的语句，然后再判断表达式是否为真，如果为真则继续循环；如果为假，则终止循环。因此，do-while 循环至少要执行一次循环语句。

其语法为：

```
do
{
    // 语句块
}
while (测试条件);
```

第 3 章

初识 Arduino

3.1 Arduino 概述

Arduino 是一个基于 AVR 微控处理器单片机并且开放源代码的嵌入式系统，包含硬件（各种型号的 Arduino 开发板）和软件（Arduino IDE)。

（1）硬件：Arduino 开发板，由各种接口、电路及相关电子元器件组成，Arduino 开发板的种类如图 3-1-1 所示，常用的 Arduino 开发板见表 3-1-1。

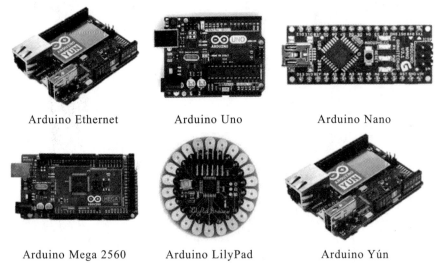

| Arduino Ethernet | Arduino Uno | Arduino Nano |

| Arduino Mega 2560 | Arduino LilyPad | Arduino Yún |

图 3-1-1　Arduino 开发板

表 3-1-1　常用的 Arduino 开发板

型号或种类	使用技巧
Arduino UNO	最常用（本教材机器人教学选用该款型号）
Arduino Nano	体积小，适合用在小型机器人，如小型无人机
Arduino Mega 2560	接口多，适合用在外接模块众多的情况

（2）开发软件：Arduino IDE，是基于 C++开发环境的软件，编写代码、编译调试、串口连接上传、数据监控等都基于该软件操作。软件界面如图 3-1-2 所示。

图 3-1-2　软件开发环境

Arduino 设计之初的目的是希望让设计师、艺术家以及初学者能够很快地通过它学习电子和传感器的基础知识，并应用到他们的设计中。设计中所要表现的想法和创意才是最主要的，至于单片机如何工作，硬件的电路如何构成，他们不需要考虑。

3.1.1　Arduino 的硬件接口

一个开发板，无论是 Arduino、89C51 单片机、STM32 抑或是树莓派，开发人员除了首要考虑其本身芯片的好与坏、程序开发的便捷性，其次考虑的就是开发板的接口，它影响着我们使用什么传感器或执行元件。

Arduino UNO 的接口众多，本书选择 8 种接口来进行介绍，并配合机器人使用。

1. 供电接口

Arduino 的工作电压是 5 ~ 12 V，共有 3 个供电接口，见图 3-1-3。使用 Arduino UNO 扩展板是为了方便针脚的插接，其供电方式是将锂电池与 Arduino UNO 扩展板进行连接，通过图 3-1-3 的③号电源接口向 Arduino UNO 开发板供电。

Arduino UNO 开发板供电配件如图 3-1-4 所示。

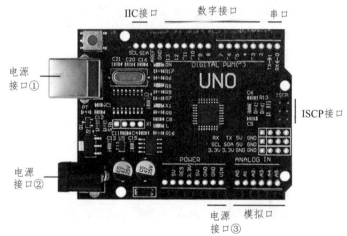

①—通过 USB 口供电（5 V）；②—通过外接电源插孔供电，电压范围为 5 ~ 12 V；
③—通过 Vin 端（正极）与 GND 端（负极）供电，电压范围为 5 ~ 12 V。

图 3-1-3　供电接口

① Arduino UNO 开发板专用 USB 供电线，同时也是程序下载线

② 18650 电池+电池盒，通过外接电源插孔对 Arduino UNO 开发板供电

③ 杜邦线+7.4V 锂电池供电，Vin 端接电池正极，GND 端接电池负极

图 3-1-4   开发板供电配件

2. 数字接口

按照开发使用习惯，常把 2 ~ 13 接口称为数字接口，见图 3-1-3。数字接口又分两种：普通数字接口和 PWM 数字接口。

1）普通数字接口

普通数字接口是指 2、4、7、8、12、13 号接口，这些普通数字接口可以用来产生高电平或低电平、读取高电平或低电平。涉及的函数如表 3-1-2 所示。

表 3-1-2   普通数字接口涉及的函数

函数	使用方向	实际用途
pinMode()	配置引脚（接口）为输入 INPUT 或输出 OUTPUT 模式	—

pinMode(2,OUTPUT);//设置2号接口为输出模式
接口号 输出模式		

digitalWrite()	设置引脚为高电平或低电平，使用该函数之前需要将引脚设置为 OUTPUT 模式	常用来闪烁 LED 灯、控制直流电机转向、触发蜂鸣器和触发超声波传感器等

函 数	使用方向	实际用途

digitalWrite(2,HIGH);//设置2号接口输出高电平
 接口号 高电平		

digitalRead()	读取引脚为高电平或低电平，使用该函数之前需要将引脚设置为 INPUT 模式	常用来读取巡线传感器、光电传感器等

digitalRead(2);//读取2号接口的电平状态
 接口号		

2）PWM 数字接口

PWM，也就是脉冲宽度调制，用于将一段信号编码为脉冲信号（一般是方波信号），是在数字电路中达到模拟输出效果的一种手段，即使用数字控制产生占空比不同的方波（一个不停在开与关之间切换的信号）来控制模拟输出。若要在数字电路中输出模拟信号，就可以使用 PWM 技术实现。

如图 3-1-3 所示，PWM 数字接口是指带"~"符号的数字接口，有3、5、6、9、10、11 号接口，这些 PWM 数字接口除了可以像普通数字接口那样使用，还可以用来产生或读取脉冲（PWM）。涉及的函数如表3-1-3 所示。

表 3-1-3　PWM 数字接口涉及的函数

函 数	使用方向	用途
pinMode() digitalWrite() digitalRead()	与普通数字接口一样使用	
analogWrite()	产生脉冲到某针脚，使用该函数之前需要将引脚设置为 OUTPUT 模式	用于控制 LED 灯亮度、直流电机转速、舵机转向等

analogWrite(3, val);//写一个模拟值val到接口3
 接口号　　模拟值，在0~255范围内取值		

函数	使用方向	用途
analogRead()	读取某针脚接收到的脉冲，使用该函数之前需要将引脚设置为 INPUT 模式	读取产生脉冲的传感器或装置

analogRead(3);//读取接口3的模拟值
接口号		

3. 模拟接口

模拟接口有 6 个，如图 3-1-3 右下角所示，A0 ~ A5 就是模拟接口，它们具有读取或产生 PWM 的功能，使用的函数是

analogWrite()

analogRead()

使用方向和用途与 PWM 数字接口类似。其关系可用数学中的并集来表示：

普通数字接口∪模拟接口＝PWM 数字接口

4. 中断接口

中断接口是一种高级端口，Arduino UNO 有 2 个中断接口，触发中断的方式有 5 种，见表 3-1-4。

表 3-1-4　中断接口

中断接口	触发方式
中断 0 脚就是 D2 中断 1 脚就是 D3	LOW：低电平触发中断 HIGH：高电平触发中断 CHANGE：变化时触发中断 RISING：低电平变为高电平触发中断 FALLING：高电平变为低电平触发中断
attachInterrupt(0, something, HIGH); 中断号　　中断函数　　电平状态	

假设需要使用 2 号数字接口在接收到高电平时触发中断函数 something();,程序语句即为表 3-1-4 中所示,特别指出,2 号数字接口对应中断号 0(INT0)。

5. 串 口

在很多时候,Arduino 需要与其他设备相互通信,而最常见、最简单的方式就是串口通信。Arduino Uno 开发板上,硬件串口位于 Rx(0)和 Tx(1)引脚上(见图 3-1-3),这两个接口可以连接蓝牙串口模块,然后与手机等一些设备进行蓝牙通信。然而,还需知道 Arduino 的 USB 口通过转换芯片与 Rx(0)和 Tx(1)这两个引脚连接,该转换芯片会通过 USB 接口在计算机上虚拟出一个用于 Arduino 通信的串口,实际上下载程序也是通过串口进行的,不过是有线连接。而直接使用 Rx(0)和 Tx(1)这两个引脚的蓝牙串口模块可进行无线传输。

6. IIC 接口

I2C(Inter-Integrated Circuit,又称 IIC)总线是一种由 Philips(飞利浦)公司开发的两线式串行总线,用于连接微控制器及其外围设备。I2C 总线产生于 20 世纪 80 年代,最初为音频和视频设备开发,如今主要在服务器管理中使用,其中包括单个组件状态的通信。I2C 总线最主要的优点是其简单性和有效性。

I2C 总线只有两根双向信号线,一根是数据线 SDA,另一根是时钟线 SCL,如图 3-1-3 左上角所示。通信原理是通过对 SCL 和 SDA 线高低电平时序的控制,来产生 I2C 总线协议所需的信号进行数据的传递。如图 3-1-5 所示,I2C 通过上拉电阻接正电源,当总线处于空闲状态时,两条信号线保持为高电平。连接到总线任意一个器件输出为低电平,都会使总线的信号变低,即每个器件的 SDA 和 SCL 都是线"与"关系。

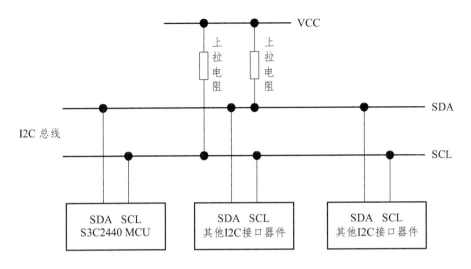

图 3-1-5　I2C 总线物理拓扑图

I2C 传输规范有三点，阐述如下，可以结合图 3-1-6 进行理解。

（1）数据位的有效性。

I2C 总线进行数据传送时，时钟信号（SCL）为高电平期间，数据线（SDA）上的数据必须保持稳定，但允许 SDA 产生起始信号、终止信号。只有时钟线上的信号为低电平期间，数据线上的高电平和低电平状态才允许变化，也就是 SCL 为低电平时进行数据传输。

（2）起始信号和终止信号。

起始信号：当 SCL 为高电平时，SDA 由高变低。

终止信号：当 SCL 为高电平时，SDA 由低变高。

（3）I2C 总线传输格式。

发送到 SDA 线上的每个字节必须是 8 位，每次传输可以发送的字节数量不受限制，每个字节后必须跟一个 ACK 应答位，数据从最高有效位（MSB）开始传输。

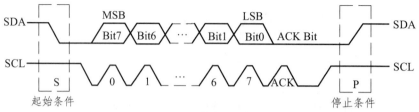

图 3-1-6　数据传输原理

Arduino 的 I2C 接口常用于连接显示屏等，本书将在 4.2.6 节中进行具体介绍。Arduino 的 I2C 通信使用 wire 库，函数的使用却与串口使用比较类似。例如：

Wire.begin()	//开启串口通信
Wire.available()	//有缓存
Wire.read()	//读取数据

3.1.2　Arduino 程序开发软件

第一次打开 Arduino IDE 开发软件或者每次新建文件，其程序界面如图 3-1-7 所示，其中 setup() 函数用于初始化，loop() 函数用于循环执行。setup() 函数用于设置一些引脚的输出/输入模式、初始化串口通信等工作。loop() 函数中的代码将被循环执行，如读入引脚状态、设置引脚输出状态等。

```
sketch_jul25b
1⊟ void setup() {
2      // put your setup code here, to run once
3   ←  在这里添加初始化设置的函数
4   }
5
6⊟ void loop() {
7      // put your main code here, to run repea
8   ←  在这里添加功能实现的函数
9   }
```

图 3-1-7　程序界面

如果需要像图 3-1-7 那样在左侧显示行号或者更改字体大小，那么，可以点击"文件"→"首选项"，打开界面如图 3-1-8 所示。

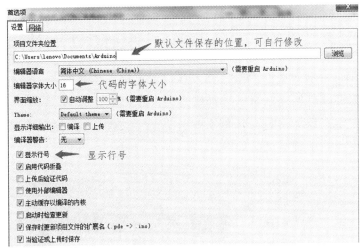

图 3-1-8　首选项更改界面

Arduino 软件菜单栏有校验、上传、新建、打开和保存 5 个常用功能
按钮，具体介绍如图 3-1-9 所示。

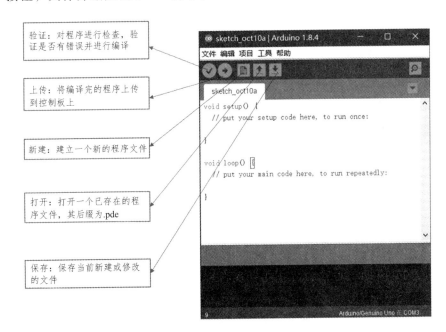

图 3-1-9　Arduino 界面介绍

3.1.3　Arduino 库文件加载

Arduino IDE 开发软件具有自带的示例文件及库文件，熟悉它的示例文件与库文件十分有利于后续的开发。如果要测试某些传感器或模块，直接打开它的示例文件，然后修改接口就可以上传测试了。此外，有些函数结构可以直接复制示例进行修改，这样效率会更高。

下面将介绍如何打开示例文件：点击"文件"→点击"示例"→然后选择需要的示例测试，如图 3-1-10 所示。

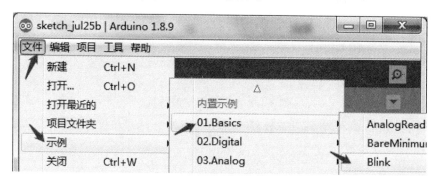

图 3-1-10　打开示例的方法

在使用某些传感器时需要从网上下载头文件（也就是库文件），然后加载库文件，否则缺少头文件会导致有些函数出现编译错误。例如，如图 3-1-11 所示，#include 后面的就是头文件，网上下载的就是.h 文件，或者可以通过传感器商家获取相应的头文件。

```
10   #include <Servo.h>
11
12   Servo myservo;   //
```

图 3-1-11　舵机程序中的头文件

开发人员需要把头文件的压缩包解压到指定文件夹 libraries，IDE 软件就能识别出来。下面介绍如何找到文件夹 libraries，如图 3-1-12 所示。

右击 Arduino 软件图标→点击"打开文件位置"。

drivers	2019/6/11 17:03	文件夹
examples	2019/6/11 17:00	文件夹
hardware	2019/6/11 17:00	文件夹
java	2019/6/11 17:00	文件夹
lib	2019/6/11 17:00	文件夹
libraries	2019/8/1 11:21	文件夹
reference	2019/6/11 17:00	文件夹
tools	2019/6/11 17:00	文件夹
tools-builder	2019/6/11 17:00	文件夹

图 3-1-12　寻找文件夹 libraries

除了上述方式能添加库文件，Arduino 官方也提供了专用渠道安装库文件（添加库文件与安装库文件实际性质一样），其操作是：在 Arduino IDE 软件中点击"项目"→点击"加载库"→点击"管理库"，查找某个库文件进行安装，如图 3-1-13 所示。

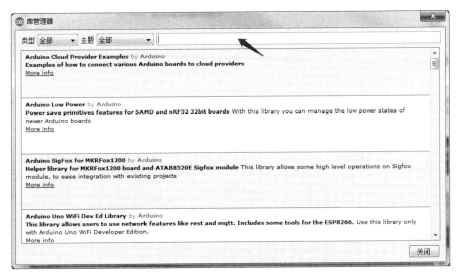

图 3-1-13　库管理器界面

3.1.4　Arduino 程序上传

"空白程序"的定义：setup(), loop()这两个函数的大括号里不添加任何其他函数时，叫作空白程序。新建文件时的程序就是空白程序。

把空白程序上传到 Arduino UNO 控制板的操作：

（1）使用 USB 线连接计算机与 Arduino UNO 开发板，第一次连接时需等待驱动安装完成。

（2）点击"工具"→点击"开发板"→点击"Arduino Uno"，如图 3-1-14 所示。

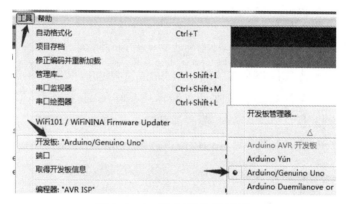

图 3-1-14　选择开发板型号

（3）点击"工具"→点击"端口"→选择正确的端口，如图 3-1-15 所示。

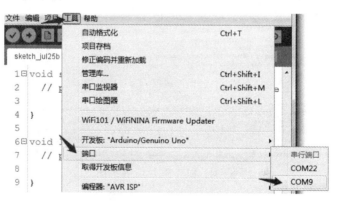

图 3-1-15　选择端口号

（4）点击"上传"按钮 ，下方会出现进度条，当下方的输出框显示"上传成功"即代表上传完成。

3.1.5　Arduino 的应用

　　Arduino 可以用来开发交互产品，例如用它来读取大量的开关和传感器的输入信号，并且可以输出控制信号来驱动各式各样的电灯、电机和其他物理设备。Arduino 项目可以单独开发使用，也可以与 Flash，Processing，MaxMSP 等计算机应用程序进行交互使用。利用 Arduino 制作的智能小车和基于 Arduino 飞控的无人机如图 3-1-16 所示。

（a）利用 Arduino 制作的智能小车

（b）基于 Arduino 飞控的无人机

图 3-1-16　Arduino 的应用

3.2 Arduino 的电气特性

Arduino 是一个基于 AVR 芯片开发的物理平台，认识 Arduino 的电气特性本质是了解 AVR 处理芯片的电气特性。AVR 芯片引脚直接连接 Arduino 开发板上针形端子或焊点，芯片与开发板的连接点之间不存在缓冲或电平位移。

目前市面上按照配置和封装类型，常用的共 8 种（见表 3-2-1）。各种 8 位 AVR 设备围绕着内部数据总线，使用通用 CPU 及模块化功能件进行搭建。这种模块化的架构方式允许设计者把不同的组合包含到设计中，并把大量功能模块加入 AVR 的内部电路，以迎合特定的设计需求，生产出能够满足不同应用场景的产品。由于篇幅所限，本章只做简要讲解，并以 ATmega168/328 硬件为例讲述相关特性，更多底层细节可以在 Atmel 官网的参考文档中找到。

表 3-2-1 Arduino 产品使用的 AVR 微控制器

微控制器	闪存/KB	I/O 引脚（最多）	备注
ATmega 168	16	23	时钟频率为 20 MHz
ATmega 168V	16	23	时钟频率为 10 MHz
ATmega 328	32	23	时钟频率为 20 MHz
ATmega 328P	32	23	时钟频率为 20 MHz，微型电源
ATmega 328V	32	23	时钟频率为 10 MHz
ATmega 1280	128	86	时钟频率为 16 MHz
ATmega 2560	256	86	时钟频率为 16 MHz
ATmega 2U4	32	26	时钟频率为 16 MHz

3.2.1　AVR 内核结构

从内部结构看，AVR ATmega 微控制器由 AVR CPU、输入/输出（I/O）端口、时序、模数转换、计数器/定时器、串口功能以及其他各种部件功能组成（见图 3-2-1），Atmel 将其称为"外围功能"。

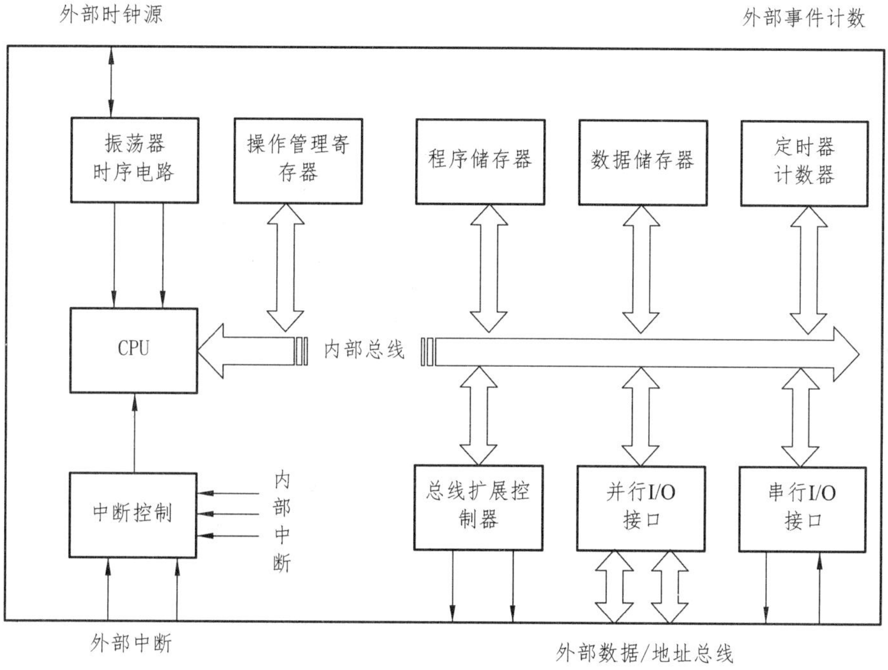

图 3-2-1　通用 AVR 组成结构框图

图 3.2.2 中的虚线部分为 AVRCPU 内核结构。其中核心部分为算数逻辑单元（ALU），其功能是进行算术、逻辑、比较等运算和操作，并将结果和状态信息与储存器以及状态寄存器进行读/写。8 位处理器基本都使用相同的 AVR CPU 核心。下面介绍 AVR 内核的一些基本特性。

1. RISC 架构

（1）131 条机器指令，而且大部分指令执行时间为单个系统时钟周期；

（2）32 个 8 位通用寄存器；

（3）最大时钟频率为 20 MHz（20 个 MIPS 操作）。

2. 板载内存

（1）快速程序存储器（多达 256 KB）；

（2）板载 EEPROM（多达 4 KB）；

（3）内部 SRAM（多达 32 KB）。

3. 工作电压

V_{CC} 为 DC 1.8 ~ 5.5 V。

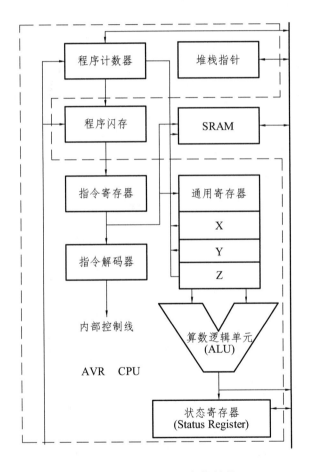

图 3-2-2　AVRCPU 内核结构

3.2.2　内部存储器

一般单片机的储存器分为程序储存器和数据存储器两大类，而 AVR 设备包含不同数量的存储器，大致分为 3 种类型：闪存（Flash）、静态随机存取存储器（SRAM）和带电可擦可编程只读存储器（EEPROM）。

两者概念是一样的：Flash 存储程序代码，属于程序储存器；SRAM 存储临时数据（如程序变量），EEPROM 存储软件变更或断电后需要持续保留的数据（如放大倍率、时间常数、网卡地址等），两者都属于数据储存器。

3.2.3　AVR 外围功能

1. 输入/输出（I/O）端口

AVR 内核上有各种输入/输出（I/O）端口，用于与外部通信，实际上就是指 3.1.1 节所介绍的硬件接口。

（1）并行 I/O 通信端口：用于外部扩展和扩充并行存储器芯片或者并行 I/O 芯片等使用，包括数据总线和读/写控制信号。

（2）通用数字 I/O 端口：用于外部逻辑电路信号的输入和输出控制。

（3）功能单元的 I/O 端口，如定时器/计数器的计数脉冲输入、外部中断源信号的输入等。

（4）串行 I/O 通信端口：用于系统之间或者采用专用串行协议的外围芯片之间连接和交换数据，如树莓派与 Arduino 通信可以通过 SPI 串行接口及 USB 串行接口。

（5）其他专用接口：在单片机上集成了专用功能模块的接口，如 Arduino UNO 及 Mega 系列上的 A/D 输入、数字 I/O 的输入端口、模拟比较输入端口等。

2. 操作管理寄存器

操作管理寄存器是单片机芯片的重要组成部分之一，负责管理、协调、控制单片机芯片中的各功能单元的使用和运行，如状态寄存器、控制寄存器、数据寄存器、地址寄存器等。

（1）状态寄存器：状态寄存器用来存放两类信息，一类是体现当前指令执行结果的各种状态信息，如有结果正负、奇偶标志位等；另一类是存放控制信息，如允许中断、跟踪标志等。

（2）控制寄存器：用于控制和确定处理器的操作模式以及当前执行任务的特性，如设置串口通信模式，用串口控制寄存器设计串口波特率。

（3）数据储存器：用来暂时存放计算过程中所用到的操作数、结果和信息。

（4）地址寄存器：持有存储器地址，用来访问存储器。

3. 定时器/计数器

如图 3-2-1 所示，AVR 的定时器/计数器实质就是一个加 1 计数器，通过软件对其控制寄存器的操作，来实现定时、计数功能及转换。AVR 中的定时器/计算器来源于两种方式。第一种，来源于 CPU 内核中的振荡器和时钟电路；第二种，来源于外部的时钟源。

定时器/计数器使用灵活，用途广泛，如延时、物理信号的测量、信号的周期、频率、脉宽测量、产生定时脉冲信号、捕捉输入，还可以实现 PWM 输出，用于 D/A 功能、电动机的无级调速等。ATmega16 有三个定时器/计数器 T/C0、T/C1、T/C2，其中 T/C0、T/C2 为 8 位定时器/计数器，T/C1 为 16 位定时器/计数器。

4. 模数转换器

模数转换器是将模拟信号（如电流、电压、温度等）变成数字量信号的电子元件。大多数 AVR 芯片包含 8 位、10 位或 12 位模数转换器。在 ATmega328 中有 6 个 10 位的模数转换器（A0、A1、A2、A3、A4、A5），即精度为 10 位，返回值为 0~1 023。就是说，当输入电压为 5 V

时，读取精度为 5 V/1 024 个单位，约等于 4.9 mV。

AVR 使用了名为"逐次逼近"（Successive Approximation）的 ADC（模拟数字转换器）电路。ADC 连接到一个 8 通道模拟多路复用器，该多路复用器允许从端口 a 的引脚构造 8 个单端电压输入，单端电压输入为 0 V（GND）。ADC 包含一个采样和保持电路，确保 ADC 的输入电压在转换期间保持在恒定的水平。ADC 的框图如图 3-2-3 所示。

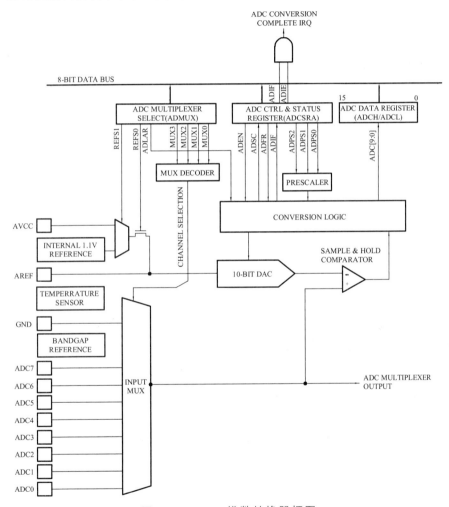

图 3-2-3 AVR 模数转换器框图

5. 模拟比较器

模拟比较器比较正引脚 AIN0 和负引脚 AIN1 上的输入值。当正引脚 AIN0 上的电压高于负引脚 AIN1 上的电压时，设置模拟比较器输出（ACO）。此外，比较器可以触发一个单独的中断，这个中断是模拟比较器所独有的。用户可以在比较器输出上升、下降或切换时选择中断触发。比较器及其周围逻辑的框图如图 3-2-4 所示。

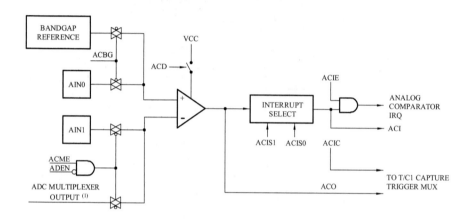

图 3-2-4　AVR 模拟比较器框图

6. 中　　断

CPU 执行时原本是按程序指令一条一条向下顺序执行的。但如果此时发生了某一事件 B 请求 CPU 迅速去处理（中断发生），CPU 暂时中断当前的工作，转去处理事件 B（中断响应和中断服务）。待 CPU 将事件 B 处理完毕后，再回到原来被中断的地方继续执行程序（中断返回），这一过程称为中断。

例如：假如你正在读书（主程序），这时电话响了（中断触发）。你放下手中的书，去接电话（中断响应）。接完电话后，再继续回来读书（主程序），并从原来读的地方继续往下读。

3.2.4 封 装

封装是指把 CPU 芯片上的电路管脚，用导线接引到外部接头处，以便与其他器件连接。例如 ATmega168 与 ATmega328 有 4 种不同的封装类型可用，分别为 28-pin DIP（直插式封装）、28-pin MLF（表面贴装）、32-pin TQFP（表面贴装）、32-pin MLF（表面贴装）。其中，28-pin DIP 是 Arduino 开发板最常用的封装方式，但 Uno SMD 除外，它使用 32-pin 表面贴装封装方式，如图 3-2-5 所示。

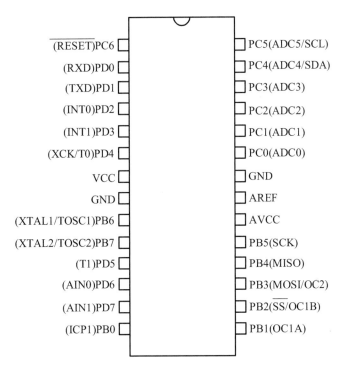

（a）28-pin DIP

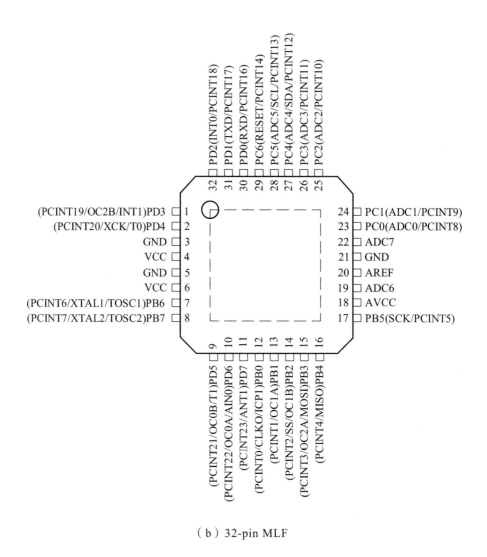

（b）32-pin MLF

图 3-2-5　ATmega168/328 CPU

3.3　Arduino 基础示例

3.3.1　Arduino 控制 LED 灯闪烁

LED 灯实际上是一个发光二极管，它的正负极正确地接通电路，就能被点亮，电流必须从 LED 灯的正极流入、负极流出，才能被点亮。本书中的 Arduino 机器人使用三彩 LED 灯，如图 3-3-1 和图 3-3-2 所示，该模块一共有 4 个引脚。

图 3-3-1　三彩 LED 灯引脚图

图 3-3-2　LED 灯设置位置

（1）引脚定义如下：

－：负极；

B：蓝色灯正极；

G：绿色灯正极；

R：红色灯正极。

（2）电路连接。数字接口都能实现控制 LED 灯点亮或熄灭（闪烁）。下面将设置 LED 灯的 B 接口与 Arduino UNO 的 10 号接口连接，并且负极相通，构成回路，如图 3-3-3 所示。

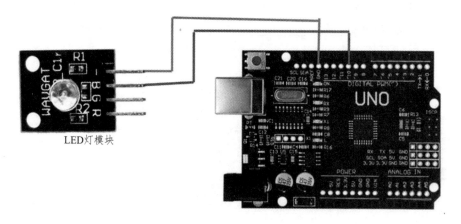

图 3-3-3　Arduino 与 LED 灯电路连接

（3）测试程序代码如下：

```
int ledPin = 10; // LED 正极连接 10 号数字接口,赋予该接口叫 ledPin


void setup()
{
pinMode(ledPin, OUTPUT); // 配置 10 号数字接口（即 ledPin）为输
                         // 出模式
}


void loop()
{
```

```
    digitalWrite(ledPin, HIGH);          // 点亮 LED
    delay(1000);                         // 等待 1 s
    digitalWrite(ledPin, LOW);           // 熄灭 LED
    delay(1000);                         // 等待 1 s
}
```

（4）程序详解。

int ledPin = 10;

int 用于定义整形变量，其语法是

int var = val;

var 表示变量名；

val 表示赋给变量的值（必须为整数）。

使用该语句定义 LED 正极与 10 号数字接口连接的好处是：第一，明确标识了哪个传感器使用了 Arduino 的哪个接口；第二，假如后面程序都直接使用 10，而不是使用 ledPin 这个变量，那么当需要把 10 号接口换成 3 号接口时，需要逐个逐个把 10 替换成 3，相比直接把 int ledPin = 10 改成 int ledPin = 3，显然后者更简便。

setup() 函数用于初始化，loop() 函数用于循环执行。初始化工作包括设置一些引脚的输出/输入模式，初始化串口通信等工作。

loop() 函数中的代码将被循环执行，如读入引脚状态、设置引脚输出状态等。

digitalWrite(ledPin, HIGH);

digitalWrite(ledPin, LOW);

前者用来产生高电平（即产生 5 V 输出），后者用来产生低电平（即产生 0 V 输出）。其语法是

digitalWrite (pin, value);

pin 表示引脚编号；

value 表示 HIGH 或 LOW。

注意，使用 digitalWrite()函数之前，需要将引脚设置为 OUTPUT 模式，即需要在 setup() 函数里面使用 pinMode(ledPin, OUTPUT)语句。

delay(1000);

为延时等待函数，单位是毫秒(ms)；延时 1 s 即延时 1 000 ms，delay 函数括号里的最大值为 32767。

注意，使用该函数，并不是代表暂停 1 s，而是前面的语句持续执行 1 s，回到示例程序，第一次使用 delay(1000)时的前面有个语句 digitalWrite(ledPin, HIGH)，代表的是 10 号数字接口输出高电平维持 1 s；第二次使用 delay(1000)时的前面有个语句 digitalWrite(ledPin, LOW)，代表的是 10 号数字接口输出低电平维持 1 s。因此，当使用 delay 函数时，一定要结合前面的语句一起解读，否则将会出现逻辑的失误。

delayMicroseconds()是延时微秒的函数，括号里允许的最大值为 16383。

3.3.2　Arduino 呼吸灯

呼吸灯也是基于 LED 灯的一个体现，它的特点是 LED 灯慢慢变亮，然后慢慢变暗，实际就是亮度发生了规律性变化。而亮度规律性变化的本质是通过 LED 灯的电流发生了规律性变化。

现实生活中可能会遇到要输出 0 和 1 之外的数值。有时候除了开灯、关灯之外，可能还需要调光，而调光也就是模拟的一种输出方式。3.3.1 节所介绍的 digitalWrite()函数控制 LED 灯就是开灯与关灯的实现。

Arduino 的微控制器只能产生高电平（5 V）或者低电平（0 V），而不能产生变化的电压，因此必须采用脉冲宽度调制技术（PWM，Pulse Width Modulation）来模拟电压变化。

PWM 的原理是通过改变占空比，通过低通滤波得到平均电压从而实现模拟输出。简而言之，PWM 是一种对模拟信号电平进行数字编码的方法，它通过对半导体开关器件的导通和关断进行控制，使输出端得到一系列幅值相等但宽度不相等的脉冲，如图 3-3-4 所示，而这些脉冲能够被用来代替正弦波或其他所需要的波形。Arduino 的数模转换 PWM 输出位数为 8 位，其取值为 0 ~ 255。

注意：幅值相等但宽度不相等。幅值相等是最大值、最小值相同，宽度不相等是指横轴（横轴是代表时间）上的宽度不同，但其周期宽度是一样的。

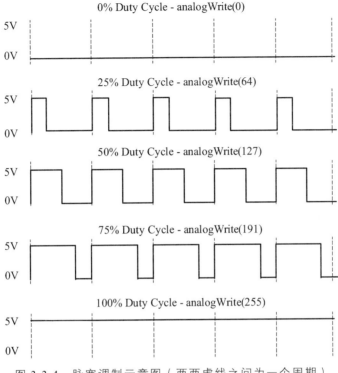

图 3-3-4　脉宽调制示意图（两两虚线之间为一个周期）

如图 3-3-4 所示，脉冲宽度的值取 0 可以产生 0 V 的模拟电压，取 64 可以产生 1.25 V 的模拟电压，取 127 可以产生 2.5 V 的模拟电压，取 191 可以产生 3.75 V 的模拟电压，取 255 则可以产生 5 V 的模拟电压。

Arduino 中实现脉宽调制(PWM)的函数就是 analogWrite()函数，这是一个能实现模拟输出的函数。在 3.3.1 节已经介绍过，10 号数字接口也是 PWM 数字接口，因此本节的 Arduino UNO 与 LED 灯的电路连接和 3.3.1 节一样。

测试程序代码如下：

```
int ledPin = 10; // LED 正极连接 10 号数字接口,赋予该接口叫 ledPin
void setup()
  {
```

```
    pinMode(ledPin,OUTPUT); //设置 ledPin 号引脚为输出引脚
}


void loop()
{
    for(int a=0;a<255;a++)        //当 a=0 并且 a 小于 255 时候,a 自加( 亮
                                  //度慢慢增加 )
    {
      analogWrite(ledPin,a);      //ledPin 号引脚为 pwm 脚，输出亮度
      delay(8);                   //延时 8 ms
    }
    for(int a=255;a>=0;a--)       //当 a=255 且 a 大于 0 时，a 自减（亮度
                                  //慢慢减小）
    {
      analogWrite(ledPin,a);
      delay(8);
    }
}
```

程序中使用 analogWritc()函数，通过两个 for 循环，逐渐改变输出 PWM 占空比，进而改变 LED 灯的亮度。两个 for 循环中都有延时语句，是为了让肉眼能观察到亮度调节的效果。

程序详解：

analogWrite(pin,value)

作用：让一个支持 PWM 输出的引脚持续输出指定脉冲宽度的方波，或称写一个模拟值（PWM）到引脚，可以用来控制 LED 的亮度，或者控制电机的转速。

pin 表示 PWM 输出的引脚编号；

value 表示用于控制占空比，范围为 0 ~ 255。值为 0 表示占空比为 0，值为 255 表示占空比为 100%，值为 127 表示占空比为 50%。

for 循环：

用于重复执行被花括号包围的语句块，其语法是：

```
for (初始化部分；条件判断部分；数据递增部分)
  {
    //语句块
  }
```

初始化部分被第一个执行，且只执行一次。每次通过这个循环，条件判断部分将被测试；如果为真，语句块和数据递增部分就会依次被执行，然后条件判断部分就会被再次测试，当条件测试为假时，结束 for 循环。

运算名称及符号含义见表 3-3-1。

表 3-3-1　运算名称及符号含义

运算名称及符号	运算表达	运算含义
自加++	i++;	相当于 i = i + 1;
自减--	i--;	相当于 i = i - 1;
复合加+=	i+=5;	相当于 i = i + 5;
复合减-=	i-=5;	相当于 i = i - 5;
复合乘*=	i*=5;	相当于 i = i * 5;
复合除/=	i/=5;	相当于 i = i / 5;

3.3.3　Arduino 串口通信

串口是一种通信方式的称呼，实质是一种数据传输协议（USART 协议）。数据是一位一位地发送出去和接收进来的。USART 内部结构十分复杂，简而言之主要由三部分组成：波特率发生器、接收单元和发送单元。每个单元的功能全部由硬件实现，同时以寄存器的形式对用户开放了配置接口（控制寄存器），又以寄存器的形式对用户开放了过程监控（状态寄存器）。

Arduino Uno 开发板上，硬件串口位于 Rx(0)和 Tx(1)引脚上，Arduino

的 USB 口通过转换芯片与这两个引脚连接，该转换芯片会通过 USB 接口在 PC 机上虚拟出一个用于 Arduino 通信的串口，上传程序也是通过串口进行的。因此可以理解为，Arduino Uno 开发板的 USB 接口也是一个串口，不仅仅可以用来上传程序，还可以接收来自 Arduino Uno 开发板的打印信息。

Arduino 提供的串口通信函数非常丰富，相关函数有：

1. Serial.begin()

描述：开启串口，通常置于 setup()函数中。
函数原型：

Serial.begin(speed)

参数：
speed：波特率，一般取值 9600,115200 等，例如 Serial.begin(9600)。
返回值：无。

2. Serial.end()

描述：禁止串口传输。此时串口 Rx 和 Tx 可以作为数字 I/O 引脚使用。
函数原型：

Serial.end()

参数：无。
返回值：无。

3. Serial.print()

描述：串口输出（发送）数据。
函数原型：

Serial.print(val)
Serial.print(val, format)

参数：
val：打印的值，任意数据类型。
config：输出的数据格式。BIN（二进制）、OCT（八进制）、DEC（十

进制)、HEX（十六进制）。对于浮点数，此参数指定要使用的小数位数。

示例：

Serial.print(78, BIN) 得到 "1001110"；

Serial.print(78, OCT) 得到 "116"；

Serial.print(78, DEC) 得到 "78"；

Serial.print(78, HEX) 得到 "4E"；

Serial.print(1.23456, 0) 得到 "1"；

Serial.print(1.23456, 2) 得到 "1.23"；

Serial.print(1.23456, 4) 得到 "1.2346"；

Serial.print('N') 得到 "N"；

Serial.print("Hello world.") 得到 "Hello world."。

返回值：返回写入的字节数。

4. Serial.println()

描述：串口输出（发送）数据并换行。使用与 Serial.print()一样，只是多了自动换行的功能。

5. Serial.write()

写二进制数据到串口，数据是一个字节一个字节地发送的，若以字符形式发送数字应使用 print()代替。

注意，可通过数组形式发送十六进制等，例如：

```
unsigned char data0[7] ={0x55,0x55,0x05,0x06,0x02,0x01,0x00};
Serial.write(data0,7);        //发送全部十六进制的数
Serial.write(data0,2);        //仅发送前面两个十六进制的数
```

6. Serial.available()

描述：判断串口缓冲区的状态，即判断串口有没有缓存，并返回从串口缓冲区读取的字节数，即返回缓冲了多少个字节。

原型：Serial.available()。

参数：无。

返回值：可读取的字节数。

7. Serial.read()

描述：读取串口数据，一次读一个字符，读完后删除已读数据。

原型：Serial.read()。

参数：无。

返回值：返回串口缓存中第一个可读字节，当没有可读数据时返回 -1，整数类型。

使用习惯： Serial.available()与 Serial.read()一般是同步使用的，用 if 条件语句连接，例如：

```
if (Serial.available() > 0)        //判断串口是否接收到数据
    {
data = Serial.read();              //获取串口接收到的数据
    }
```

8. Serial.readBytes()

描述：从串口读取指定长度的字符到缓存数组。

原型：Serial.readBytes(buffer, length)

参数：

buffer：缓存变量。

length：设定的读取长度。

返回值：返回存入缓存的字符数。

下面将结合呼吸灯程序来进行串口监视"模拟输出"的变化信息，在 setup()函数中插入 Serial.begin()，在 analogWrite()函数后面插入 Serial.println()，程序代码如下：

```
int ledPin = 10; // LED 正极连接 10 号数字接口,赋予该接口叫 ledPin
void setup()
{
   pinMode(ledPin,OUTPUT);         //设置 ledPin 号引脚为输出引脚
   Serial.begin(9600);             //设置串口波特率，开启串口
```

```
}
void loop()
{
  for(int a=0;a<255;a++) //当 a=0 且 a 小于 255 时，a 自加（亮度慢
                         //慢增加）
  {
   analogWrite(ledPin,a); //ledPin 号引脚为 pwm 脚，输出亮度
    delay(8);             //延时 8 ms
    Serial.println(a);    //在计算机监视器打印输出 a 值
  }
  for(int a=255;a>=0;a--) //当 a=255 且 a 大于 0 时，a 自减（亮度慢
                          //慢减小）
  {
    analogWrite(ledPin,a);
    delay(8);
    Serial.println(a);    //在计算机监视器打印输出 a 值
  }
}
```

本程序上传成功后，点击菜单栏的"工具"→选择"串口监视器"，会弹出新窗口，如图 3-3-5 所示，窗口中滚动着变化的模拟值。

图 3-3-5　串口监视器

关闭串口监视器，再点击菜单栏的"工具"→选择"串口绘图器"，会弹出新窗口，如图 3-3-6 所示，窗口中正在根据变化的模拟值进行绘线。

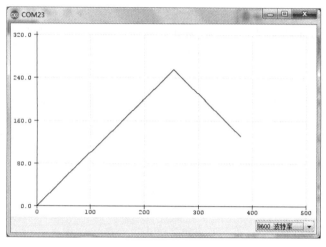

图 3-3-6　串口绘图器

以上内容就是通过 USB 口（软串口）Arduino 程序中变量的信息，后续在使用与测试传感器时，常会用到串口来读取传感器的数据，届时会结合以下函数使用：

```
i = digitalRead(pin);
i = analogRead(pin);
i = Serialread();
```

Arduino Uno 开发板上，硬件串口位于 Rx(0)和 Tx(1)引脚上，其中 Rx(0)是属于接收端，Tx(1)是属于发射端，这两个引脚经常会与蓝牙串口模块配合使用，实现蓝牙遥控或者蓝牙传输。

第 4 章

传感器技术基础

4.1 传感器初识

4.1.1 传感器的定义与应用

传感器（Sensor）是一种常见的却又很重要的器件，它利用物理效应、化学效应、生物效应等原理，把被测的物理量、化学量、生物量等按一定规律将其转换成符合需要的电量信号，并传送给测试系统中的后续环节进行信号调理与处理。图 4-1-1 所示为传感器工作流程。

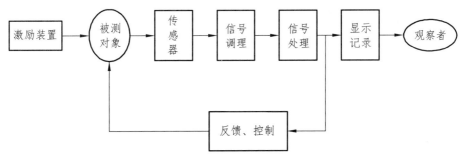

图 4-1-1　传感器工作流程

作为信息获取的重要手段，传感器技术与通信技术、计算机技术共同构成了现代信息技术的三大支柱。随着现代科学发展，传感技术作为一种与现代科学密切相关的新兴学科也得到迅速的发展，并且在工业自动化测量和检测技术、航空航天技术、深海探测技术、军事工程、医疗诊断等学科被越来越广泛地利用，同时对各学科发展还有促进作用。例如，传感器在机器人领域中有着广阔应用前景，智能传感器使机器人具有类人的五官和大脑功能，可感知各种现象，完成各种动作。汽车中传感器的应用，通过各种传感器对汽车行驶过程中的状况进行检测和数据收集，用于实现汽车驾驶的精准控制，如图 4-1-2 所示。

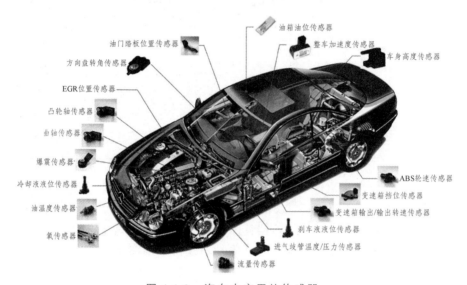

油箱油位传感器
油门踏板位置传感器
整车加速度传感器
方向盘转角传感器
车身高度传感器
EGR位置传感器
凸轮轴传感器
曲轴传感器
爆震传感器
ABS轮速传感器
冷却液液位传感器
变速箱挡位传感器
油温度传感器
变速箱输出/输出转速传感器
氧传感器
刹车液液位传感器
进气歧管温度/压力传感器
流量传感器

图 4-1-2　汽车中应用的传感器

4.1.2　传感器的分类

传感器的种类繁多，功能各异。由于同一被测量可用不同转换原理实现探测，利用同一种物理法则、化学反应或生物效应可设计制作出检测不同被测量的传感器，而功能大同小异的同一类传感器可用于不同的技术领域，故传感器有不同的分类方法。目前，主要分类方法有如下几种：

（1）为了便于传感器的管理与使用，可以按照被测量对象输入的信号来分类，例如可以分为位移、温度、压力、流量、加速度、力矩、湿度、重力、速度等传感器，部分传感器实物如图 4-1-3 和图 4-1-4 所示。生产厂家和用户普遍使用这种分类方法。

图 4-1-3　重力传感器

图 4-1-4　振动速度传感器

（2）按照工作原理分类，以传感器对信号转换的原理命名，例如应变式传感器、电容式传感器、光电式传感器（见图 4-1-5）、热电式传感器、霍尔传感器（见图 4-1-6）等。

图 4-1-5　红外光传感器

图 4-1-6　霍尔传感器

（3）按被测量转换特征或构成原理来分类命名，例如通过传感器元件的结构参数改变实现信号转换的结构型传感器，如电容式传感器、电阻式传感器（见图 4-1-7）等；还有依靠敏感元件本身物理性质随被测量变化实现信号转换的物性型传感器，如压电式传感器（见图 4-1-8）、水银温度计、双金属片等。

图 4-1-7　旋转型电阻式传感器

图 4-1-8　压电式力传感器

（4）按照能量传递方式的不同，可分为有源传感器和无源传感器。传感器输出的能量由外部电源供给，但受被测量控制的，属于能量控制型的有源传感器，例如 RLC 式传感器等，大多数传感器属于这类；传感器输出能量直接由被测量能量转换而得的，属于能量转换型的无源传感器，例如热电偶温度计（见图 4-1-9）、光电传感器（见图 4-1-10）等。

图 4-1-9　电感式接近传感器

图 4-1-10　色标传感器

4.1.3　传感器的选用原则

现代传感器在原理与结构上千差万别，如何根据具体的测量目的、测量对象以及测量环境合理地选用传感器，是在进行某个量的测量时首先要解决的问题。当传感器确定之后，与之相配套的测量方法和测量设备也就可以确定了。测量结果的成败，在很大程度上取决于传感器的选用是否合理。

（1）灵敏度：被测量发生较小变化时，传感器会有较大变化的输出，此时传感器的灵敏度高，有利于信号处理。

（2）线性范围：线性范围愈宽，传感器灵敏度可以保持稳定的值，其工作的量程也愈大，但实际上，任何传感器都不可以做到绝对的线性，当要求测量精度不高时，在一定范围内，可将非线性误差较小的传感器近似看作线性的，这会降低传感器的使用成本，带来极大的方便性。

（3）响应特性：在所测频率范围内尽量保持不失真，要求传感器具有尽可能低的延迟率。

（4）稳定性：经过长期使用以后，能够保持输出特性不发生变化的能力。传感器稳定性好，要求传感器能够经得起时间的考验，并且有较强的环境适应能力。

（5）精确度：表示传感器的输出与被测量的对应程度。传感器精确度愈高，价格越昂贵，因此传感器的选用只要满足整个测量系统的精度要求就可以了，不必选得太高。

（6）其他选用原则：通常，传感器接收到的信号都有微弱的低频信号，外界的干扰有时候其幅度能够超过被测量的信号，因此有必要消除串入的噪声。

4.2　常用传感器及其应用

4.2.1　双路巡线传感器

巡线传感器采用的主要原理就是红外探测法，即红外线在不同颜色的物体表面具有不同的反射性质的特点，红外线会被黑色物体吸收，会被白色物体反射。Arduino 单片机就是以是否收到反射回来的红外光为依据，来确定黑线的位置和小车的行走路线，所以说，巡线传感器是常用来巡黑线的。红外探测器探测距离有限，一般最大不超过 15 cm。

本书使用的双路巡线传感器，如图 4-2-1 所示，该传感器设置在

Arduino 机器人的前下方，如图 4-2-2 所示。它的特点是双路检测，即两侧同时都能检测黑白情况，如图 4-2-3 所示。就单侧传感器而言，它具有红外发射头（透明部分）与红外接收头（紫黑部分），双路巡线传感器工作时，红外发射头会一直发射红外线到正方向的物体表面，同时红外接收头也会一直检测有没有反射回来的红外线，例如，图 4-2-1 上侧传感器恰好检测到白色区域，此时红外接收头会检测到有反射回来的红外线，进一步输出高电平到 S1 引脚；如果检测到黑色区域，此时红外接收头会检测不到反射回来的红外线，便输出低电平到 S1 引脚。利用 Arduino 检测 S1 引脚的高低电平状态，即可让机器人知道此时遇到白色区域还是黑色区域了。根据 S1 引脚、S2 引脚各自返回到 Arduino 的电平状态即可知道机器人相对于黑线的位置。

图 4-2-1　双路巡线传感器

图 4-2-2　双路巡线传感器安装位置

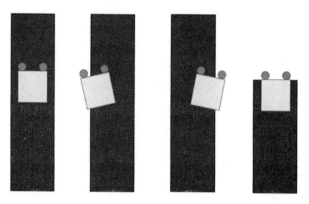

图 4-2-3 传感器相对于黑线的位置

根据前文可知，可利用 Arduino 读取双路巡线传感器的两个信号输出脚的高低电平状态，根据 3.1.1 节所述的数字接口，本节将设定使用 11 号与 12 号数字接口分别读取 S1 与 S2 的高低电平状态，读取函数使用 digitalRead()。

（1）双路巡线传感器 4 个引脚的定义：

S1：图示上侧传感器信号输出，按照配套的机器人，本书设置与 Arduino 的 11 号数字接口连接；

S2：图示下侧传感器信号输出，按照配套的机器人，本书设置与 Arduino 的 12 号数字接口连接；

VCC:接 5 V 直流电源；

GND：接电源地引线。

（2）双路巡线传感器的测试代码如下：

```
int S1Pin=11; int S2Pin=12;        //定义巡线传感器的引脚
void setup()
  {
    pinMode(S1Pin,INPUT);          //配置为输入模式
    pinMode(S2Pin,INPUT);
    Serial.begin(9600);            //开启串口，设置串口波特率
  }
```

```
void loop()
{
    Serial.print(digitalRead(S1Pin));      //串口打印 11 号接口读取的高
                                           //低电平
    Serial.println(digitalRead(S2Pin)); //串口打印 12 号接口读取的高
                                           //低电平

}
```

程序编译通过后，上传程序至 Arduino UNO 开发板中，待上传成功后，点击菜单栏的工具，选择串口监视器，弹出串口如图 4-2-4 所示。调整双路巡线传感器相对于黑线的位置，数据将发生变化：

① 左侧传感器、右侧传感器都在黑线内时，数据为 00；

② 左侧传感器在白色区域而右侧传感器在黑线内时，数据为 10；

③ 左侧传感器在黑线内而右侧传感器在白色区域时，数据为 01；

④ 左侧传感器、右侧传感器都在白色区域时，数据为 11。

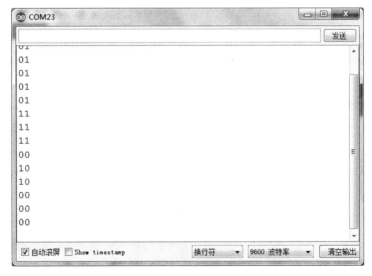

图 4-2-4　串口监视器监视传感器的位置

（3）程序解读：

① 双路巡线传感器与 Arduino UNO 开发板之间的关系是 Arduino UNO 开发板要利用双路巡线传感器的检测信息，此为输入，因此要使用

digitalRead()函数，而在使用 digitalRead()函数之前要先利用 pinMode()函数配置 11 号、12 号接口为输入模式。

② Serial.print()里面除了可以填变量名称，也可以直接填函数名称，例如 Serial.print(digitalRead(S1))，因为 digitalRead(S1)函数返回值就是数值。

4.2.2 舵 机

舵机是小型伺服电机的一种，它能将收到的电信号转换成电机轴上的角位移或角速度输出，其相对于普通直流电机而言，能够精确控制输出轴的速度或位置，且控制简单，但相对应的缺点是速度低，价格贵，适合用于开发机器人。如图 4-2-5 所示，舵机具有很多种类，根本区别在于使用电压的不同以及输出扭矩的不同，见表 4-2-1，例如本书使用的 MG996R 舵机，工作电压为 5 V，输出扭矩为 9.4 KG/cm。舵机还分为角度舵机（有 90°舵机、180°舵机）和连续旋转舵机（360°舵机），本书使用的 MG996R 舵机包含有 180°和 360°。角度舵机的特点是，在其形成范围内能准确转动某一角度，其一般用于机械手的关节；而连续旋转舵机的特点是只能连续转动，不能控制转某个角度，可以控制方向与速度，通常用于驱动移动机器人的轮子。这里使用连续舵机来作为智能小车行走的控制电机，如图 4-2-6 所示。

（a）各种型号的舵机

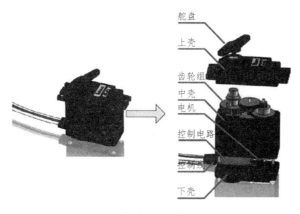

舵盘

上壳

齿轮组

中壳

电机

控制电路

控制线

下壳

（b）舵机内部结构示意

图 4-2-5　舵机介绍

表 4-2-1　常用舵机的种类

齿轮型号	工作电压/V	输出扭矩/（N·m）	齿轮材质	角度/°
SG90	5	0.16	塑料	180
MG996R	5	0.94	金属	180 或 360
LDX-335MG	6 ~ 7.4	1.5 ~ 1.7	金属	180
Futaba S3003	5	0.32	塑料	180
⋮	⋮	⋮	⋮	⋮

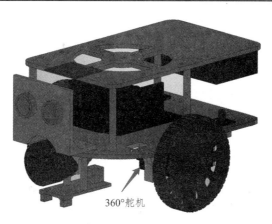

360°舵机

图 4-2-6　Arduino 机器人的 360°舵机位置

接下来，首先探讨 360°舵机的使用方法，然后再探讨 180°舵机的使用方法。

（1）舵机的 3 条线的具体定义如下：

橙色线：SIG（信号线），按照配套的机器人，本书设置与 Arduino 的 5 号、6 号数字接口连接；

红色线：VCC；

棕色线：GND。

（2）360°舵机驱动测试程序如下：

```
#include <Servo.h>//加载舵机库，为了后面直接调用舵机控制函数
Servo myservo1;          //创建一个控制舵机 1 的对象
Servo myservo2;          //创建一个控制舵机 2 的对象

int motor1Pin = 5;          //使用变量 motor1 代替 Arduino 的引脚 5
int motor2Pin = 6;          //使用变量 motor2 代替 Arduino 的引脚 6
void setup()
{
  myservo1.attach(motor1Pin);   //让 Arduino 的引脚 5 控制舵机 1
  myservo2.attach(motor2Pin);   //让 Arduino 的引脚 6 控制舵机 2
  myservo1.write(90);   //90 代表舵机不动
  myservo2.write(90);   //90 代表舵机不动
  delay(1000);          //前面程序维持 1 s，即两个舵机静止 1 s
}
void loop()
{
  //0 代表一个方向的全速运行，180 代表另一个方向的全速运行
  myservo1.write(110); //设为 110 就是左轮以较小的速度转动
  myservo2.write(80); //设为 80 就是右轮以较小的速度转动

  }
```

（3）程序详解。

① 头文件。

Arduino 程序开发实际是一种 C++开发，包含头文件时使用#include
<>，在 Arduino 程序开发中一般称为加载某个库文件，我们常用的库文
件有舵机库<Servo.h>，红外遥控库<IRremote.h>，IIC 通信库<IIC.h>，
SPI 通信库<SPI.h>，SD 卡库<SD.h>等。添加或安装库文件的方式详见
3.1.3 节。

② Servo myservo1。

利用 Servo 声明 myservo1 这个变量是贴合头文件<Servo.h>需要做的
工作，其含义是创建一个控制舵机 1 的对象。

③ myservo1.attach(motor1Pin)。

该函数类似于 pinMode(),不过该函数是专用于配置 Arduino 的 PWM
数字接口 5 输出到舵机 1 的信号脚，实际就是让 Arduino 的引脚 5 能控
制舵机 1。

④ myservo1.write(90)。

该函数专用于控制舵机的旋转方向及速度，对于 360°舵机（连续旋
转舵机），myservo1.write(val)使用时，如果 val=90，360°舵机就是不转动，
如果 val=0，360°舵机就以一个方向全速转动，如果 0<val<90，就以非最
大速度在该方向上转动，越接近 0，速度越小；如果 val=180，360°舵机
就以另一个方向全速转动，如果 90<val<180，就以非最大速度在该方向
上转动，越接近 180，速度越大。

Setup()函数中，使用 delay(1000)延时 1 s 是为了让 Arduino UNO 开
发板接通电源并稳定后，再执行 loop()程序启动两个 360°舵机。这个细
节是编程人员需要注意的！

（4）180°舵机驱动测试程序如下：

```
#include <Servo.h>
Servo myservo3;        //创建一个控制舵机 3 的对象
int motor3Pin = A0;    //使用变量 motor3 代替 Arduino 的引脚 A0
void setup()
```

```
{
    myservo3.attach(motor3Pin);   //让 Arduino 的引脚 A0 控制舵机 3
    myservo3.write(0);            //设置舵机 3 的初始角度为 0°
}
void loop()
{
//使用 for 循环让舵机 3 从 0°转到 180°
    for (int pos = 0; pos <= 180; pos += 1) {
        myservo3.write(pos);      //Arduino 输出角度 pos 给舵机 3
        delay(15);                //这里的延时影响着旋转速度
    }
//使用 for 循环让舵机 3 从 180°转到 0°
    for (int pos = 180; pos >= 0; pos -= 1) {
        myservo3.write(pos);      //Arduino 输出角度 pos 给舵机 3
        delay(15);                //这里的延时影响着旋转速度
    }
}
```

① setup()函数中需要设置舵机 3 的初始角度为 0°。

② 与连续旋转舵机不同的是，角度舵机（180°舵机）使用函数 myservo3.write(pos)时，pos 为多少，舵机就转动到该 pos 值的角度位置。

4.2.3　超声波传感器

超声波传感器具有两个圆形探头，如图 4-2-7 所示，一个是发射头（带 T 标识），用于发射超声波；一个是接收头（带 R 标识），用于接收被障碍物反射回来的超声波，通过测量某段超声波从反射到接收的时间从而计算出障碍物的距离。超声波传感器一般设置于机器人的前方或侧面，如图 4-2-8 所示，用于智能机器人避障、跟随等。

图 4-2-7　SR05 超声波传感器

图 4-2-8　Arduino 机器人中超声波传感器的位置

工作原理：超声波发射器向某一方向发射超声波，在发射的同时开始计时，超声波在空气中传播，途中碰到障碍物就立即返回来，超声波接收器收到反射波就立即停止计时。声波在空气中的传播速度为 340 m/s，根据计时器记录的时间 t，就可以计算出发射点距障碍物的距离 s，即 $s=340 \text{ m/s} \times t/2$。这就是所谓的时间差测距法。

程序原理（见图 4-2-9）：

第一步，使用 Arduino 采用数字引脚给 SR05 的 Trig 引脚至少 10 μs 的高电平信号，触发 SR05 模块测距功能。

第二步，触发后，模块会自动发送 8 个 40 kHz 的超声波脉冲，并自动检测是否有信号返回。这一步会在模块内部自动完成。

第三步，如有信号返回，Echo 引脚会输出高电平，高电平持续的时间就是超声波从发射到返回的时间。此时，可使用 pulseIn()函数获取到测距的结果，并计算出距被测物的实际距离。

图 4-2-9　超声波工作原理

本实验利用超声波测得的距离从串口中显示。

（1）超声波传感器 4 个引脚的具体定义：

ECHO：信号接收引脚，按照配套的机器人，本书设置与 Arduino 的 8 号数字接口连接；

TRIG：信号触发引脚，按照配套的机器人，本书设置与 Arduino 的 9 号数字接口连接；

GND：电源地引线；

VCC：电源+5 V。

（2）超声波传感器检测距离的测试程序如下：

```
int TrigPin = 9;   //定义超声波传感器的信号脚
int EchoPin = 8;
float distance;     //定义距离的变量
void setup()
 {
  pinMode(TrigPin, OUTPUT);     //Arduino 触发超声波信号为输出
  pinMode(EchoPin, INPUT);      //Arduino 检测脉冲宽度为输入
  Serial.begin(9600);          //开启串口，设置串口波特率
 }

void loop()
 {
  // 产生一个 10μs 的高脉冲去触发 TrigPin
```

```
digitalWrite(TrigPin, LOW);
delayMicroseconds(2);
digitalWrite(TrigPin, HIGH);
delayMicroseconds(10);
digitalWrite(TrigPin, LOW);
// 检测脉冲宽度，并计算出距离，单位为 cm
distance = pulseIn(EchoPin, HIGH) / 58.00;
Serial.print(distance);
Serial.println("cm");
}
```

（3）超声波传感器的测距数据监视：

编译通过后，上传程序至 Arduino UNO 开发板，待上传成功后，点击菜单栏中的"工具"，打开串口监视器，弹出窗口并显示距离数据，如图 4-2-10 所示，尝试用手挡在超声波传感器的前面，观察数据变化情况。

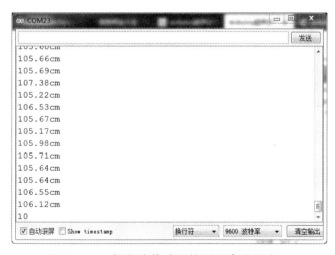

图 4-2-10　超声波传感器检测距离监视窗口

4.2.4　蜂鸣器

蜂鸣器按其结构分主要分为压电式蜂鸣器和电磁式蜂鸣器两种类

型。电磁式蜂鸣器由振荡器、电磁线圈、磁铁、振动膜片及外壳等组成。接通电源后，振荡器产生的音频信号电流通过电磁线圈，使电磁线圈产生磁场，振动膜片在电磁线圈和磁铁的相互作用下，周期性地振动发声。

蜂鸣器按其是否带有信号源又分为有源和无源两种类型。有源蜂鸣器只需要在其供电端加上额定直流电压，其内部的振荡器就可以产生固定频率的信号，驱动蜂鸣器发出声音。无源蜂鸣器可以理解成与喇叭一样，需要在其供电端上加上高低不断变化的电信号才可以驱动发出声音。本书使用的蜂鸣器是有源蜂鸣器，如图 4-2-11 所示。

图 4-2-11　Arduino 机器人的蜂鸣器

（1）蜂鸣器的引脚定义：

正极（红线）：按照配套的机器人，本书设置与 Arduino 的 4 号数字接口连接；

负极（黑线）：连接 Arduino 的 GND。

（2）蜂鸣器的测试程序如下：

```
int tonePin = 4;          //定义蜂鸣器的信号脚
int i = 0;                //定义一个计数变量
void setup()
{
    pinMode(tonePin,OUTPUT); //设置蜂鸣器的 pin 为输出模式
```

```
    digitalWrite(tonePin,LOW);      //初始化时先关闭蜂鸣器
    delay(1000);                    //关闭蜂鸣器维持 1 s
}

void loop()
{
if(i< 1)
    {    //i 的最大值与 delay 的延时值的乘积影响着声音的长度
    digitalWrite(tonePin,HIGH);     //高电平触发蜂鸣器响
    delay(40);
    i++;                            //i 自加 1
    }
else
    {
    digitalWrite(tonePin,LOW);      //低电平关闭蜂鸣器
    }
}
```

（3）程序详解：

本节重点讲述 if…else…条件语句，其语法为：

```
if(条件一满足) { 执行动作一 }
else { 执行动作二 }
```

其含义是如果满足条件一，则执行动作一；如果不满足条件一，则执行动作二。

蜂鸣器测试程序的开头已经定义计数变量 i 初始值等于 0，在 loop() 程序中，因为 i 的范围是小于 1，所以动作一（响一声）会先被执行，然后就停止响。将 i<1 的范围改大，比如改成 i<4，是否就回响多 3 声？不是的！依然是一声，只是声音长度变长了。仔细想想，响 4 声是什么概念？那是"响、停、再响、又停、再响、又停、再响、又停"，这就是区别。如果要响两声，程序应当做如下改进。

方式一：直接叠加高低电平变换。

```
void loop ( )   {
  if (i < 1) { //i 的最大值与 delay 的延时值的乘积影响着声音的长度
  digitalWrite (tonePin, HIGH);        //高电平触发蜂鸣器响第一声
  delay (40);
  digitalWrite (tonePin, LOW);         //低电平关闭蜂鸣器
  delay (80);
  digitalWrite (tonePin, HIGH);        //高电平触发蜂鸣器响第二声
  delay (40);
  i++;
  }
 else {
  digitalWrite (tonePin, LOW);         //低电平关闭蜂鸣器
  }
}
```

方式二：使用 for 循环。

```
void loop ( )   {
  if (i < 1) { //i 的最大值与 delay 的延时值的乘积影响着声音的长度
  for (int a=0; a<2; a++) {             //循环 2 次大括号内的动作
  digitalWrite (tonePin, HIGH);        //高电平触发蜂鸣器响第一声
  delay (40);
  digitalWrite (tonePin, LOW);         //低电平关闭蜂鸣器
  delay (80);
  }
  i++
  }
 else {
  digitalWrite (tonePin, LOW);         //低电平关闭蜂鸣器
  }
}
```

4.2.5 红外线接收器

红外线接收器是运用红外光谱法将光信号转化为电信号的传感器，主要用于智能机器人接收红外遥控器的控制信号使用，如图 4-2-12 和图 4-2-13 所示。红外发射和接收的信号其实都是一连串的二进制脉冲码，高低电平按照一定的时间规律变换来传递相应的信息。为了使其在无线传输过程中免受其他信号的干扰，通常都将信号调制在特定的载波频率上（38 kHz 红外载波信号），通过红外发射二极管发射出去，而红外接收端则要将信号进行解调处理，还原成二进制脉冲码进行处理。

图 4-2-12 遥控器与红外接收器

图 4-2-13 红外接收器在机器人的位置

当按下遥控器按键时，遥控器发出红外载波信号，红外接收器接收到信号，程序对载波信号进行解码，通过数据码的不同来判断按下的是哪个键。

（1）红外线接收器 3 个引脚的具体定义：

S：信号输出；

+：接 Arduino +5 V；

-：接 Arduino GND。

（2）IR 红外线接收器的测试程序代码如下：

```
//加载头文件（以下头文件全打包在名为 MeMCore 的压缩文件里，
//请向老师获取）
#include <Arduino.h>
#include <Wire.h>
#include <SoftwareSerial.h>
#include <MeMCore.h>
int ir_Pin = 2; //定义红外接收器的信号脚与 Arduino 的 2 号数字接口
              //连接
MeIRir;              //创建红外接收器的对象（与创建舵机对象类似）
void setup(){
    ir.begin();      //开启红外接收
    Serial.begin(9600);
    //开启串口，设置串口波特率，为了看红外接收的数据是什么
}


void loop(){
//类似 ir.keyPressed(69)的括号里的数字代码是唯一的，不能修改
    if(ir.keyPressed(69)){
      Serial.println('1');      //以下每一个 if 语句代表一个按键
    }
    if(ir.keyPressed(70)){
      Serial.println('2');
    }
```

```
if(ir.keyPressed(71)){
    Serial.println('3');
}
if(ir.keyPressed(68)){
    Serial.println('4');
}
if(ir.keyPressed(64)){
    Serial.println('5');
}
if(ir.keyPressed(67)){
    Serial.println('6');
}
if(ir.keyPressed(7)){
    Serial.println('7');
}
if(ir.keyPressed(21)){
    Serial.println('8');
}
if(ir.keyPressed(9)){
    Serial.println('9');
}
if(ir.keyPressed(22)){
    Serial.println('*');
}
if(ir.keyPressed(25)){
    Serial.println('0');
}
if(ir.keyPressed(13)){
    Serial.println('#');        //打印输出单个字符使用单引号
}
```

```
    if(ir.keyPressed(24)){
      Serial.println("up");      //打印输出多个字符使用双引号
    }
    if(ir.keyPressed(8)){
      Serial.println("left");
    }
    if(ir.keyPressed(28)){
      Serial.println("ok");
    }
    if(ir.keyPressed(90)){
      Serial.println("right");
    }
    if(ir.keyPressed(82)){
      Serial.println("down");
    }
  }
```

（3）程序详解：

本程序需要搭配 4 个头文件进行，可使用本书配套的"红外遥控头文件"压缩包，并解压至 Arduino IDE 所在安装文件夹的 libraris 子文件夹里。

红外遥控头文件

int ir_Pin = 2;MeIRir;

定义红外接收器的信号脚与 Arduino 的 2 号数字接口连接，本书配套的 Arduino 机器人固定使用 2 号数字接口连接红外接收器。

if(条件一) {执行动作一}

if 语句既可以单独使用，也可以搭配 else 使用。

Serial.println('0')与 Serial.println("left")

打印输出单个字符使用单括号，打印输出多个字符（即字符串）使用双括号。

（4）IR 红外线接收器的测试调试：

插上 USB 下载线，编译验证并上传程序到 Arduino UNO 开发板，点击菜单栏中的"工具"选项，选择串口监视器，这时会弹出小窗口，按下红外遥控器的按键，窗口将显示红外线接收器的输出结果，如图 4-2-14 所示。

图 4-2-14　IR 红外接收传感器测试监视窗口

（5）按键及代码对照。

表 4-2-2 描述的对应关系是基于本书配套的红外遥控及接收器、程序头文件。

表 4-2-2　按键及代码对照表

按键	十进制代码	按键	十进制代码
1	69	*	22
2	70	0	25
3	71	#	13
4	68	↑	24
5	64	←	8

按键	十进制代码	按键	十进制代码
6	67	OK	28
7	7	→	90
8	21	↓	82
9	9		

4.2.6　OLED 显示屏

　　OLED 显示屏是利用有机电自发光二极管制成的显示屏。OLED 显示屏具备有机电自发光二极管、不需背光源、对比度高、厚度薄、视角广、反应速度快、可用于挠曲性面板、使用温度范围广、构造及制程较简单等优点，因此被认为是下一代的平面显示器新兴应用技术。

　　本书使用的是 0.96 寸（1 寸 ≈ 3.33 cm）OLED 显示屏，如图 4-2-15 所示，它的显示区域是 128×64 的点阵，每个点都能自己发光。OLED 显示屏可以显示汉字、字符和图案等，智能手环和智能手表等智能设备一般都是选择 OLED 显示屏来作为显示设备。OLED 显示屏（见图 4-2-16）通常用来实时显示机器人的一些状态数据，如障碍物距离、接收的数据、环境温湿度等。

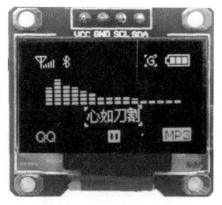

图 4-2-15　0.96 寸 OLED 显示屏

图 4-2-16　OLED 显示屏安装处

（1）1.OLED 显示屏 4 个引脚的具体定义：

VCC：接 Arduino +5 V；

GND ：接 Arduino GND；

SCL（串行时钟）：接 Arduino SCL 引脚；

SDA（串行数据）：接 Arduino SDA 引脚。

（2）OLED 显示屏的测试程序代码如下：

```
//加载头文件（以下头文件打包在名为 OLED 的压缩文件里，
//请向老师获取）
#include <SPI.h>
#include <Wire.h>
#include <Adafruit_GFX.h>
#include <Adafruit_SSD1306.h>
float str1 = 0;          //定义一个变量并赋值，用于在液晶屏显示
float str2 = 1.1;        //定义另一个变量并赋值，用于在液晶屏显示
#define OLED_RESET 13    //宏定义，在编译时起作用
Adafruit_SSD1306 display(OLED_RESET);     //声明 display 函数
void setup() {
  Wire.begin();     //开启 IIC 通信
  display.begin(SSD1306_SWITCHCAPVCC);   //初始化液晶屏
```

```
    display.clearDisplay();      //清屏
}

void loop() {
    display.setTextSize(1);                  //设置字体大小
    display.setTextColor(WHITE);             //设置字体颜色为白色
    display.setCursor(0,0);                  //设置字体的起始位置

    display.print("distance1:");             //液晶屏输出显示字符
    display.println(str1);                   //液晶屏输出显示变量 str1
    display.print("distance2:");
    display.println(str2);
    display.display();                       //把缓存的都显示
    delay(300);
    display.clearDisplay();                  //清屏
}
```

（3）程序详解。

使用 OLED 显示屏开发机器人程序也需要加载头文件，4 个头文件共同使用，一般 Arduino IDE 会自带前面两个头文件，后面两个头文件就需要开发人员添加，添加方式参考 2.1.3 节 Arduino 库文件加载，网络下载方式可参考图 4-2-17 和图 4-2-18。

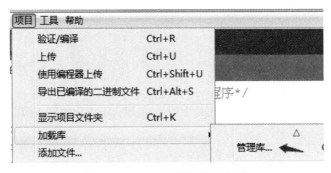

图 4-2-17　打开管理库的操作

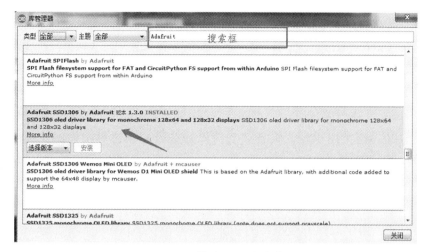

图 4-2-18　搜索需要的头文件

（4）程序上传及效果显示。

插上 USB 下载线，编译验证并上传程序到 Arduino UNO 开发板，待上传成功后，OLED 液晶屏将显示以下数据，如图 4-2-19 所示。

图 4-2-19　程序打印显示效果

4.2.7　蓝牙模块

蓝牙是一种近距离无线数据和语音传输技术，主要用于取代线材和红外线传输。蓝牙主要用于无线耳机和数据传输。蓝牙技术联盟（Bluetooth Special Interest Group，简称 SIG），定义了多种蓝牙规范（Profile，或译为"协议"）。

HID：制定鼠标、键盘和游戏杆等人机接口设备（Human Interface Device)所要遵循的规范。

HFP：泛指用于行动设备，支持语音拨号和重拨等功能的免提听筒设备。

A2DP：可传输 16 位、44.1 kHz 取样频率的高质量立体声音乐，主要用于随身听和影音设备。

SPP：用于取代有线串口的蓝牙设备规范。

蓝牙设备分为主从两种模式，作为主设备时，它查找和连接其他设备；作为从设备时只能被其他设备连接；通信模式分透明传输和 AT 命令模式。本书使用型号为 HC-05 的蓝牙模块（设备），如图 4-2-20 所示，它作为从设备使用，默认为从设备模式，如需转换成主设备模式需要专用调试软件及 TTL 模块辅助连接计算机 USB 接口。主设备是一种高级玩法。

图 4-2-20　HC-05 蓝牙模块

（1）HC-05 蓝牙模块一般有 6 个接口，常用的是中间 4 个接口，但有些蓝牙模块只有 4 个接口，刚好就是常用的那 4 个。常用的 4 个接口为：

VCC：将连接 Arduino UNO 扩展板的 5 V。

GND：将连接 Arduino UNO 扩展板的 GND。

TXD：将连接 Arduino UNO 扩展板的 RX0。

RXD：将连接 Arduino UNO 扩展板的 TX0。

连接示意图如图 4-2-21 所示。

图 4-2-21　Arduino 与蓝牙模块连接示意图

　　蓝牙模块是通过连接 Arduino 的串口使用，上传程序时也是通过串口进行。因此，在上传程序时一定要先拔掉蓝牙模块的接线，否则不但程序上传不成功，并且会导致 Arduino 开发板烧坏。同时，在此明确一下蓝牙模块、Arduino 开发板、手机三者的关系，如图 4-2-22 所示。

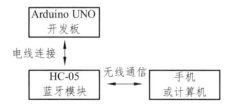

图 4-2-22　三个设备的连接关系

（2）蓝牙模块的测试程序如下：

```
int ledPin = 10; // LED 正极连接 10 号数字接口,赋予该接口叫 ledPin
//由于蓝牙模块专用 0(RX)和 1(TX)接口，在此程序不需要定义，
//上传程序时先把蓝牙拔掉

void setup()
{
    // 配置 10 号数字接口（即 ledPin）为输出模式
    pinMode(ledPin, OUTPUT);
    Serial.begin(9600); //使用蓝牙模块即使用串口，所以要开启串口
}

void loop()
{
  if(Serial.available() > 0)        //判断缓存区是否接收到字符数据
  {
    char i= Serial.read();    //定义变量i，同时读取缓存区的字符数据
    switch(i){
     case'0':{
        digitalWrite(ledPin, LOW);        //如果是 0，则熄灭 LED 灯
        break;
        }
     case'1':{
        digitalWrite(ledPin, HIGH);        //如果是 1，则点亮 LED 灯
        break;
        }
    }
  }
}
```

注：该程序需要配合手机"蓝牙串口助手"APP 使用。

（3）程序详解：

① 蓝牙模块并不是利用数字接口的输入或输出功能，而是利用专用的串口 0(RX)和 1(TX)接口，因此在程序中不需要定义引脚以及配置模式。

② 利用手机或计算机通过蓝牙通信传输某种指令（本程序使用字符指令）到 Arduino 开发板，进而控制 LED 灯。所以在编写程序时，要先判断有没有收到指令，可以用 "if(Serial.available() > 0){}" 这个结构来进行判断。Arduino 开发板接收到的指令是专门存放在一个叫作缓存区的地方，Serial.available()就是专门读取这个缓存区的状态，由此判断当前是否接收到指令。

指令存放到缓存区后，还需要利用 Serial.read()函数读取刚接收到的指令具体是什么，从而更好地实现这个指令用来做这个动作，那个指令用来做那个动作。

char i= Serial.read();

特别声明，char 是用来定义数据类型的，跟 int 类似，不过 char 是用来定义字符。由于这个 i 不需要赋初值，所以可以直接在 loop 程序中利用 char 来定义，并且直接结合 Serial.read()函数的赋值，如此有助于程序更简洁。该用法同等于在 setup()函数前使用 char i;，然后原来 char i= Serial.read()的位置改为 i= Serial.read()，两种用法是一样的。

③ switch…case…语句的用法见 2.4 节。

4.手机"蓝牙串口助手"的使用方式：

①在应用商店或者网页中搜索下载蓝牙串口助手 APP，如图 4-2-23 所示。

蓝牙串口助手

图 4-2-23　蓝牙串口助手

②先完成蓝牙模块的接线，然后打开机器人的电源按钮，并且使用手机与蓝牙模块配对（第一次连接需要配对，密码 1234），如图 4-2-24 所示。

③打开蓝牙串口助手 APP，如图 4-2-25 所示，点击右上角，选择"连接"，会弹出可选设备的界面，如图 4-2-26 所示，选择"HC-05"即可。

图 4-2-24　手机与蓝牙模块配对界面　　图 4-2-25　APP 主界面

④按照本节的程序，在文本框中输入 0 或 1，发送即可控制 LED 灯，如图 4-2-27 所示。

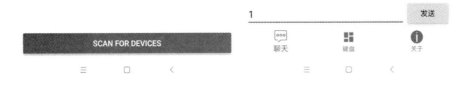

图 4-2-26　可连接设备列表　　　　图 4-2-27　指令发送框

⑤ 高级用法：点击主界面下方的"键盘"，切换到九宫格的界面，点击下方的"编辑按钮"，再点击任一灰色按钮，切换到自定义界面，如图4-2-28 所示。将按钮名称命名为"点亮"，发送的命令为"1"，点击"确定"按钮，页面将变成如图 4-2-29 所示的界面；将另一按钮名称命名为"关闭"，发送的命令为"0"。

在后面 6.5.1 节的学习中，将设置 5 个按钮来控制小车：前进（2）、左转（4）、右转（6）、后退（8）、停止（5）。

图 4-2-28 自定义界面   图 4-2-29 按钮编辑后界面

4.2.8 QTI 传感器

与双路巡线传感器很相似，QTI 传感器也是将红外发射器和红外接收器集成封装在一起的传感器。它主要用于地面灰度检测、黑白线区别、简单颜色识别等，可用于机器人循迹、机器人地面灰度检测等，如图 4-2-30 所示。但是，一个 QTI 传感器仅具有单路信号输出。

（1）QTI 传感器 3 个引脚的定义：

SIG：信号输出；

VCC：接 5 V 直流电源；

GND：电源地引线。

图 4-2-30 QTI 传感器

（2）QTI 传感器的测试程序代码如下：

```
Char qtis, qti1=12,qti2=11;    //qti1 为左边的 QTI，qti2 为右边的 QTI
void setup( )
{
    Serial.begin(9600);              //设置串口波特率
    pinMode(qti1,INPUT);             //设置 11 号、22 号控制口为输入口
    pinMode(qti2,INPUT);
}

void loop( )
{
    while(1)    //while(表达式为非 0 时,执行 while 语句中的嵌套语句)
{
    qtis=digitalRead(qti1)*2+digitalRead(qti2);    //读取 QTI 状态
    delay(100);
    switch(qtis)                               //打印 QTI 状态
    {
        case 0 :Serial.println（"00"）;break;
        case 1 :Serial.println（"01"）;break;
case 2 :Serial.println（"10"）;break;
case 3 :Serial.println（"11"）;break;
    }
```

```
    }
    }
```

（3）QTI 传感器的测试调试：

接通电源，编译验证并上传程序到 Arduino UNO 开发板，单击菜单栏中"工具"选项里的"串口监视器"选项，这时会弹出小窗口显示 QTI 传感器状态的输出结果，如图 4-2-31 所示。

图 4-2-31　QTI 测试监视窗口

（4）QTI 传感器测试调试的注意事项：

① 将 QTI 传感器探头对着空旷位置，若此时屏幕上的返回值为"1"，而用手遮挡探头时其返回值为"0"，则表明该 QTI 传感器正常工作，无须更换 QTI 传感器。

② 在确认传感器本身没有问题后，接下来将小车放到场地的黑线上，分别测试放在黑线和放在边上两种情况下的返回值。若不论是否在黑线上，返回值都显示为"1"，那么 QTI 传感器的安装位置就离地面太高了，离黑线距离太远，导致 QTI 传感器无法识别，这时就要将 QTI 传感器的安装位置调低。反之，若返回值一直显示为"0"，则说明距离太近，此

时需要将 QTI 传感器的位置调高。

③ 两个 QTI 传感器必须分开测试。每个 QTI 传感器都必须通过测试程序检验，并正确设定 QTI 传感器与地面的高度，保证传感器能够可靠地分辨出场地上的黑线区域和非黑线区域。

第 5 章

Arduino 机器人设计与组装

本书配套的 Arduino 机器人是一款基于 Arduino UNO 编程开发的轮式小车，有基础版（见图 5-0-1），也有拓展版（见图 5-0-2）。基础版带有巡线模块、超声波模块、蜂鸣器模块、液晶屏模块、LED 模块、蓝牙模块、红外遥控模块，并配有红外遥控器供给使用。

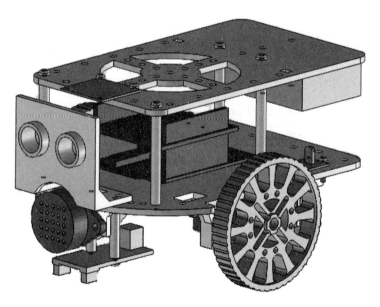

图 5-0-1　Arduino 机器人（基础版）

图 5-0-2 Arduino 机器人（拓展版）

5.1 Arduino 机器人组装

5.1.1 Arduino 机器人的零件安装

设计机器人通常是根据环境检测的需要、目标承载能力、数据可视化等原则进行的，选择合适的传感器或元件并且设置在合理的位置极其重要。因此，机器人的设计要充分考虑以上因素，避免在机器人组装时出现干涉现象。干涉是指某零件安装后却干扰了另一零件的安装，这是由于设计不合理导致的。

机器人的结构组成如图 5-1-1 和图 5-1-2 所示。

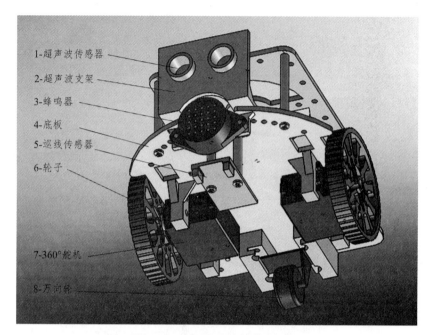

1-超声波传感器

2-超声波支架

3-蜂鸣器

4-底板

5-巡线传感器

6-轮子

7-360°舵机

8-万向轮

图 5-1-1　机器人的结构组成 1

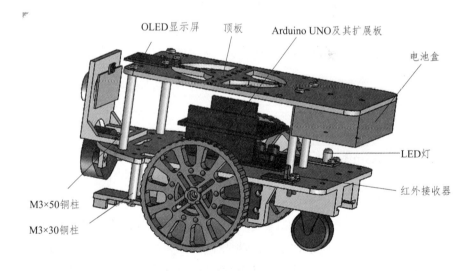

OLED显示屏　顶板　Arduino UNO及其扩展板

电池盒

LED灯

红外接收器

M3×50铜柱

M3×30铜柱

图 5-1-2　机器人的结构组成 2

5.1.2 机器人各零件的螺纹连接

1. M3×8 螺钉（10 颗）

M3×8 螺钉设置于 M3×30 铜柱上方、M3×50 铜柱上下方、电池盒内，如图 5-1-3 和图 5-1-4 所示。

图 5-1-3 M3×8 螺钉的安装位置 1

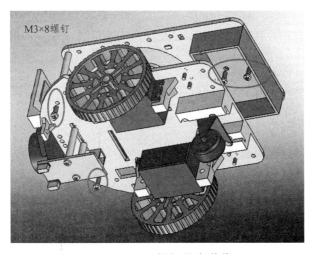

图 5-1-4 M3×8 螺钉的安装位置 2

2. M3×16 螺钉（19 颗）

M3×16 螺钉用于超声波传感器支架（2 颗）、蜂鸣器（2 颗）、360°舵机（4 颗）、轮子（1 颗）、Arduino（3 颗）、后侧两根 M3×50 铜柱下方（2 颗）的连接，如图 5-1-5 和图 5-1-6 所示。

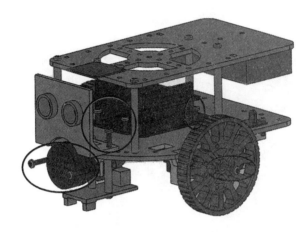

图 5-1-5　M3×16 螺钉的安装位置 1

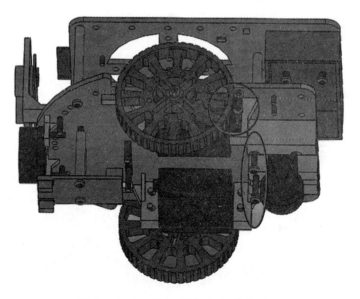

图 5-1-6　M3×16 螺钉的安装位置 2

3. M2×10 螺钉（6 颗）

M2×10 螺钉用于安装 OLED 显示屏及 LED 灯及红外接收器，如图 5-1-7 所示。

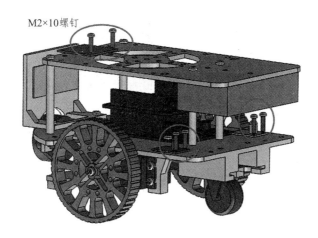

图 5-1-7　M2×10 螺钉的安装位置

5.2　Arduino 机器人的电路

本书中 Arduino 机器人的所有传感器或元件接线，均接往 Arduino UNO 扩展板上。Arduino UNO 扩展板如图 5-2-1 所示，传感器或元件与 Arduino UNO 扩展板的接线对照如表 5-2-1 所示。

Arduino UNO 扩展板具有 2 个专用的接口，是该板中间的 IIC 接口（接 OLED 显示屏专用）和 COM 口（接蓝牙模块专用）。

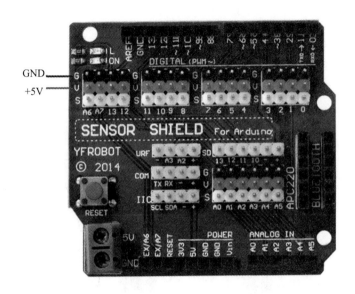

GND
+5V

图 5-2-1　Arduino UNO 扩展板

表 5-2-1　传感器或元件与 Arduino UNO 扩展板接线对照

传感器	传感器引脚	Arduino 扩展板接口	备注
红外遥控接收器	S	2	
	+	V	
	−	G	
蜂鸣器	+（红线）	4	不是接 V
	−（黑线）	G	
左侧舵机（360°）	橙	5	
	红	V	
	棕	G	
右侧舵机（360°）	橙	6	
	红	V	
	棕	G	

传感器	传感器引脚	Arduino 扩展板接口	备注
超声波传感器	VCC	V	
	TRIG	9	
	ECHO	8	
	GND	G	
LED 灯	R/G/B	10	
	–	G	
巡线传感器	S1	11	
	S2	12	
	VCC	V	
	GND	G	
OLED 显示屏	VCC	V	IIC 接口
	GND	G	
	SCL	SCL	
	SDA	SDA	
蓝牙模块	RX	TX	COM 口
	TX	RX	
	GND	–	
	+5 V	+	

第 6 章

工程训练

6.1 概　述

经过前面章节的学习，已基本熟悉 Arduino 编程方法以及七大传感器或元件的使用。

从本章开始，以本书配套的 Arduino 机器人为中心，探究多传感器或元件融合带来的复杂功能。在挑战杯、机器人大赛、工程挑战赛等这些比赛平台，打造一款多功能应用型机器人就需要用多传感器融合技术，对编程人员来说是一种技术挑战。多个传感器的使用特别讲究编程的逻辑，以及数据的可视化，编程逻辑好，传感器的使用不会有影响较大的干扰及延时；数据可视化有利于帮助自己更好地监控机器人的运行状态。

6.2 基于超声波的模块化训练

6.2.1 移动、避障与警报

本节将主要围绕 360°舵机、超声波传感器、蜂鸣器三者组合进行模块化训练。本节的训练目的：第一，机器人直走时遇到障碍物就停，并且蜂鸣器报警；第二，机器人直走时遇到障碍物就原地右转，同时警报，转到大于 3 倍距离再直走。第二个目的其实是第一个目的的改进，对机器人而言，第二个目的比第一个目的的智能程度更高。

1. 编程目标一

实现目标：机器人直走时遇到障碍物就停，并且蜂鸣器报警

（1）程序思维如图 6-1-1 所示。

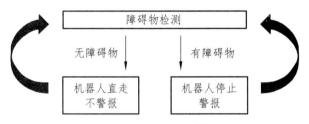

图 6-1-1　程序思维

仔细琢磨图 6-1-1 所示的程序思维图，要掌握程序一般要以条件语句优先，这句话的含义就是如果利用传感器来检测环境，那么就会产生多个情况，每一种情况就对应一种动作，由情况来对应动作的这个逻辑思维善加利用，将会大大提高编程效率。最常用的条件语句就是 if…else…。

（2）程序代码如下：

```
#include <Servo.h>//加载舵机库，为了后面直接调用舵机控制函数
Servo myservo1;        //创建一个控制舵机 1 的对象
Servo myservo2;        //创建一个控制舵机 2 的对象
int motor1Pin = 5;      //定义舵机的信号脚
int motor2Pin = 6;

int tonePin = 4;   //定义蜂鸣器的信号脚

int TrigPin = 9;   //定义超声波传感器的信号脚
int EchoPin = 8;
float distance;   //定义距离的变量
```

```
void setup() {
    pinMode(TrigPin, OUTPUT);          //Arduino 触发超声波信号为输出
    pinMode(EchoPin, INPUT);           //Arduino 检测脉冲宽度为输入
    pinMode(tonePin, OUTPUT);          //设置蜂鸣器的 pin 为输出
    digitalWrite(tonePin, LOW);        //初始化时先关闭蜂鸣器
    myservo1.attach(motor1Pin);        //让 Arduino 的引脚 5 控制舵机 1
    myservo2.attach(motor2Pin);        //让 Arduino 的引脚 6 控制舵机 2
    myservo1.write(90);      //90 代表舵机不动
    myservo2.write(90);      //90 代表舵机不动
    delay(1000);             //前面程序维持 1 s
}

void loop() {
    // 产生一个 10 μs 的高脉冲去触发 TrigPin
    digitalWrite(TrigPin, LOW);
    delayMicroseconds(2);
    digitalWrite(TrigPin, HIGH);
    delayMicroseconds(10);
    digitalWrite(TrigPin, LOW);
    // 检测脉冲宽度，并计算出距离，单位为 cm
    distance = pulseIn(EchoPin, HIGH) / 58.00;
    //进行条件判断
    if(distance < 20){
        //停止
        myservo1.write(90);
        myservo2.write(90);
        //间断警报
        digitalWrite(tonePin,HIGH);
        delay(40);
        digitalWrite(tonePin,LOW);
```

```
      delay(400);
     }
   else{
     //前进
     myservo1.write(110);
     myservo2.write(80);
     //不警报
     digitalWrite(tonePin,LOW);
     }
 }
```

（3）在程序中,警报动作使用间断警报即可,高电平时间短一点(40),低电平时间长一点（400）,尽量避免太嘈杂。

2. 编程目标二

实现目标：机器人直走时遇到障碍物就原地右转，同时警报，转到大于 3 倍距离再直走。

（1）程序思维图与图 6-1-1 类似，需要动作稍作改变。

（2）程序代码如下：

```
#include <Servo.h>//加载舵机库，为了后面直接调用舵机控制函数
Servo myservo1;              //创建一个控制舵机 1 的对象
Servo myservo2;              //创建一个控制舵机 2 的对象
int motor1Pin = 5;          //定义舵机的信号脚

int motor2Pin = 6;

int tonePin = 4;    //定义蜂鸣器的信号脚

int TrigPin = 9;    //定义超声波传感器的信号脚

int EchoPin = 8;
float distance;     //定义距离的变量
```

```
void SR05_distance(void){    //定义超声波测距函数
  digitalWrite(TrigPin, LOW);
  delayMicroseconds(2);
  digitalWrite(TrigPin, HIGH);
  delayMicroseconds(10);
  digitalWrite(TrigPin, LOW);
  distance = pulseIn(EchoPin, HIGH) / 58.00;
  }


void setup() {
  pinMode(TrigPin, OUTPUT);        //Arduino 触发超声波信号为输出
  pinMode(EchoPin, INPUT);         //Arduino 检测脉冲宽度为输入
  pinMode(tonePin,OUTPUT);         //设置蜂鸣器的 pin 为输出
  digitalWrite(tonePin,LOW);       //初始化时先关闭蜂鸣器
  myservo1.attach(motor1Pin);      //让 Arduino 的引脚 5 控制舵机 1
  myservo2.attach(motor2Pin);      //让 Arduino 的引脚 6 控制舵机 2
  myservo1.write(90);      //90 代表舵机不动
  myservo2.write(90);      //90 代表舵机不动
  delay(1000);             //前面程序维持 1 s
}

void loop() {
  //调用超声波测距函数，前面已定义
  SR05_distance();
  //进行条件判断
  if(distance < 20){
    //警报
    digitalWrite(tonePin,HIGH);
    delay(40);
    digitalWrite(tonePin,LOW);
```

```
        //重复执行右转直到障碍物距离大于 3 倍
        while(1){
            myservo1.write(80);
            myservo2.write(80);
            SR05_distance();      //注意在 while 循环里还要调用测距函数
            if(distance > (20*3)){
                break;}
            }
        }
    else{
    //前进
    myservo1.write(110);
    myservo2.write(80);
    //不警报
    digitalWrite(tonePin,LOW);
        }
}
```

（3）程序详解：

① 类似于超声波传感器测距的动作，可以通过定义函数来给它包装，如此在程序中多次调用时就可以直接调用其函数名即可，方便快捷。在 2.1 节中已经讲述函数的定义使用 void，例如：void SR05_distance (void){}。

② while(1){ }是一个死循环体，表示重复执行。然而，它经常与 if(条件){break;}使用，即 while(1){ if(条件){break;} }，其含义代表重复执行某某直到条件成立时为止。这里 break 的作用就是可以跳出 while 循环。

6.2.2　避障距离可视化

本节的重点是将超声波传感器测量的距离在 OLED 显示屏上实时显

示出来，并结合 6.2.1 节中的编程目标二的内容进行。

（1）程序代码如下：

```
#include <SPI.h>//加载显示屏相关头文件
#include <Wire.h>
#include <Adafruit_GFX.h>
#include <Adafruit_SSD1306.h>

#include <Servo.h>//加载舵机库
Servo myservo1;          //创建一个控制舵机 1 的对象
Servo myservo2;          //创建一个控制舵机 2 的对象
int motor1Pin = 5;       //定义舵机的信号脚
int motor2Pin = 6;

int tonePin = 4;         //定义蜂鸣器的信号脚

int TrigPin = 9;         //定义超声波传感器的信号脚
int EchoPin = 8;
float distance;          //定义距离的变量

#define OLED_RESET 13                //宏定义，在编译时起作用
Adafruit_SSD1306 display(OLED_RESET);   //声明 display 函数

void SR05_distance(void){   //定义超声波测距函数
  digitalWrite(TrigPin, LOW);
  delayMicroseconds(2);
  digitalWrite(TrigPin, HIGH);
  delayMicroseconds(10);
  digitalWrite(TrigPin, LOW);
  distance = pulseIn(EchoPin, HIGH) / 58.00;
  }

void display_OLED(int i){             //定义 OLED 显示函数
```

```
    display.setTextSize(1);              //设置字体大小
    display.setTextColor(WHITE);         //设置字体颜色为白色
    display.setCursor(0,0);              //设置字体的起始位置
    display.print("distance=");
    display.print(i);
    display.println("cm");
    display.display();           //把缓存的都显示
    delay(10);                   //适当的延时，为了肉眼可以看得见
    display.clearDisplay();      //清屏
    }

void setup() {
    pinMode(TrigPin, OUTPUT);            //Arduino 触发超声波信号为输出
    pinMode(EchoPin, INPUT);             //Arduino 检测脉冲宽度为输入

    pinMode(tonePin,OUTPUT);             //设置蜂鸣器的 pin 为输出
    digitalWrite(tonePin,LOW);           //初始化时先关闭蜂鸣器

    myservo1.attach(motor1Pin);          //让 Arduino 的引脚 5 控制舵机 1
    myservo2.attach(motor2Pin);          //让 Arduino 的引脚 6 控制舵机 2
    myservo1.write(90);      //90 代表舵机不动
    myservo2.write(90);      //90 代表舵机不动
    delay(1000);             //前面程序维持 1 s

    Wire.begin();      //开启 IIC 通信
    display.begin(SSD1306_SWITCHCAPVCC);     //初始化液晶屏
    display.clearDisplay();     //清屏

    }
void loop() {
    //调用超声波测距函数，前面已定义
```

```
    SR05_distance();
    //调用显示函数，显示 distance=??cm
    display_OLED(distance);
    //进行条件判断
    if(distance < 20){
        //警报
        digitalWrite(tonePin,HIGH);
        delay(40);
        digitalWrite(tonePin,LOW);
        //重复执行左转直到障碍物距离大于 3 倍
        while(1){
            myservo1.write(80);
            myservo2.write(80);
            SR05_distance();       //注意在 while 循环里还要调用测距函数
            //调用显示函数，显示 distance=??cm
            display_OLED(distance);
            if(distance > (20*3)){
                break;}
            }
        }
    else{
        //前进
        myservo1.write(110);
        myservo2.write(80);
        //不警报
        digitalWrite(tonePin,LOW);
        }
}
```

（2）程序详解：

本案例介绍了一种新的函数定义，void display_OLED(int i){}，其特征是圆括号里的不是 void，而是 int i。本书在 2.1 节中讲到圆括号里为 void 时，代表该函数无返回值，然而，圆括号里使用 int i 来定义该函数使用的是局部变量，相应地，新函数里使用 display.print(i)，如此就会产生 i 的返回值给 display_OLED() 函数，因此在 loop 函数中，调用 display_OLED() 函数时，该圆括号里填进某个变量，就会打印输出该变量的数值。

6.2.3　超声波跟随

本节主要是拓展超声波的应用，作为一个开发者，对超声波传感器的思维不能局限于避障，它可以有很多应用，当然，有些应用需要更高频的超声波，如超声波无损检测、超声波清洗等。本节针对本书使用的超声波传感器来扩展一个自动跟随的应用，当然，这个跟随也是建立在测距的基础上，该实施方法是：大于某个距离范围，机器人就前进；小于某个距离范围，机器人就后退；其余距离范围，机器人就静止。

（1）程序代码如下：

```
#include <SPI.h>//加载显示屏相关头文件
#include <Wire.h>
#include <Adafruit_GFX.h>
#include <Adafruit_SSD1306.h>

#include <Servo.h>      //加载舵机库，为了后面直接调用舵机控制函数
Servo myservo1;         //创建一个控制舵机 1 的对象
Servo myservo2;         //创建一个控制舵机 2 的对象
int motor1Pin = 5;      //定义舵机的信号脚
int motor2Pin = 6;

int TrigPin = 9;        //定义超声波传感器的信号脚
int EchoPin = 8;
float distance;         //定义距离的变量
```

```
#define OLED_RESET 13                      //宏定义，在编译时起作用
Adafruit_SSD1306 display(OLED_RESET);    //声明 display 函数

void SR05_distance(void){                         //定义超声波测距函数
    digitalWrite(TrigPin, LOW);
    delayMicroseconds(2);
    digitalWrite(TrigPin, HIGH);
    delayMicroseconds(10);
    digitalWrite(TrigPin, LOW);
    distance = pulseIn(EchoPin, HIGH) / 58.00;
    }


void display_OLED(int i){
    display.setTextSize(1);                     //设置字体大小
    display.setTextColor(WHITE);              //设置字体颜色为白色
    display.setCursor(0,0);                     //设置字体的起始位置
    display.print("distance=");
    display.print(i);
    display.println("cm");
    display.display();             //把缓存的都显示
    delay(10);                     //适当的延时，为了肉眼可以看得见
    display.clearDisplay();        //清屏
    }

void setup() {
    pinMode(TrigPin, OUTPUT);      //Arduino 触发超声波信号为输出
    pinMode(EchoPin, INPUT);       //Arduino 检测脉冲宽度为输入

    myservo1.attach(motor1Pin);    //让 Arduino 的引脚 5 控制舵机 1
    myservo2.attach(motor2Pin);    //让 Arduino 的引脚 6 控制舵机 2
```

```
    myservo1.write(90);       //90 代表舵机不动
    myservo2.write(90);       //90 代表舵机不动
    delay(1000);              //前面程序维持 1 s

    Wire.begin();      //开启 IIC 通信
    display.begin(SSD1306_SWITCHCAPVCC);   //初始化液晶屏
    display.clearDisplay();    //清屏

}
void loop() {
    //调用超声波测距函数，前面已定义
    SR05_distance();
    //调用 OLED 显示函数，显示 distance=??cm
    display_OLED(distance);
    //进行条件判断
    if(distance < 30){
        //后退
        myservo1.write(80);
        myservo2.write(110);
    }
    else if((distance > 40)&&(distance < 60)){
        //前进
        myservo1.write(110);
        myservo2.write(80);
    }
    else{
        //静止
        myservo1.write(90);
        myservo2.write(90);
    }
}
```

（2）程序详解：

① 本程序使用了 if…else if…else…结构，在程序中的含义是：如果距离小于 30，则后退；如果距离大于 40 又小于 60，则前进；否则便静止。

② &&是逻辑与，是一种且运算，该符号前后两者都包含的意思。

6.3　基于巡线传感器的模块化训练

6.3.1　自动巡线（直线曲线篇）

一般说的自动巡线就是机器人跟着黑线轨迹行走，在 4.2.1 节已介绍双路巡线传感器的使用以及双路巡线传感器相对于黑色轨迹的位置情况，本节继续引用图 6-3-1 展开自动巡线的编程工作。

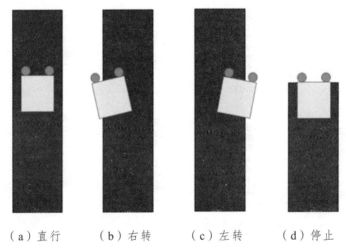

（a）直行　　　（b）右转　　　（c）左转　　　（d）停止

图 6-3-1　传感器相对于黑线的位置以及将要采取的动作

双路巡线传感器相对于黑色轨迹的位置可归为 4 类，以双路巡线传感器的两路传感器的检测情况来命名，可称为：左黑右黑（双黑）、左白右黑、左黑右白、左白右白（双白）。为顺利地进行巡线工作，针对巡线传感器的检测情况来规定机器人的动作，如表 6-3-1 所示。

表 6-3-1　机器人的动作

双路巡线传感器检测情况	机器人的动作
左黑右黑（双黑）	直行
左白右黑	右转
左黑右白	左转
左白右白（双白）	停止或后退，二选一

程序代码如下：

```
#include <Servo.h>   //加载舵机库，为了后面直接调用舵机控制函数
Servo myservo1;        //创建一个控制舵机 1 的对象
Servo myservo2;        //创建一个控制舵机 2 的对象
int motor1Pin = 5;     //使用变量 motor1 代替 Arduino 的引脚 5
int motor2Pin = 6;     //使用变量 motor2 代替 Arduino 的引脚 6

int S1Pin=11; int S2Pin=12;        //定义巡线传感器的引脚

void setup() {
  pinMode(S1Pin,INPUT);      //配置为输入模式
  pinMode(S2Pin,INPUT);

  myservo1.attach(motor1Pin);   //让 Arduino 的引脚 5 控制舵机 1
  myservo2.attach(motor2Pin);   //让 Arduino 的引脚 6 控制舵机 2
  myservo1.write(90);      //90 代表舵机不动
  myservo2.write(90);      //90 代表舵机不动
  delay(1000);            //前面程序维持 1 s，即两个舵机静止 1 s
}

void loop() {
  if((digitalRead(S1Pin) == 0)&&(digitalRead(S2Pin) == 0)){
    //前进
```

```
        myservo1.write(100);    //设为 110 就是左轮以较小的速度转动
        myservo2.write(80);     //设为 80 就是右轮以较小的速度转动
        }
    else if((digitalRead(S1Pin) == 1)&&(digitalRead(S2Pin) == 0)){
        //右转
        myservo1.write(100);
        myservo2.write(100);
        }
     else if((digitalRead(S1Pin) == 0)&&(digitalRead(S2Pin) == 1)){
        //左转
        myservo1.write(80);
        myservo2.write(80);
        }
     else if((digitalRead(S1Pin) == 1)&&(digitalRead(S2Pin) == 1)){
        //停止
        myservo1.write(90);
        myservo2.write(90);
        }
     }
```

6.3.2　自动巡线与智能绕障

在 6.2.1 节中已经介绍过机器人在移动过程中难免会遇到障碍物，遇到障碍物后采取的方式也有多种，例如停止移动同时警报、主动改变方向探测可移动的路线。本节将针对在黑色轨迹上的障碍物开发机器人，让其绕过障碍物后继续巡线，以提高机器人的智能程度。

编程思维如图 6-3-2 所示，重点关注如何绕行以及绕行如何结束。

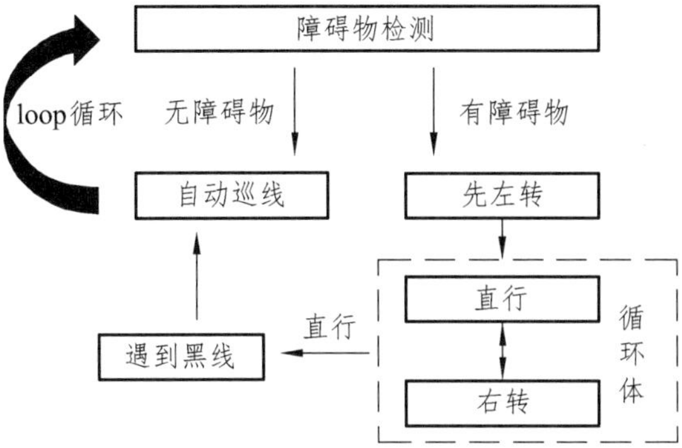

图 6-3-2　编程思维

程序代码如下：

```
#include <SPI.h>          //加载显示屏相关头文件
#include <Wire.h>
#include <Adafruit_GFX.h>
#include <Adafruit_SSD1306.h>
#include <Servo.h>         //加载舵机库，为了后面直接调用舵机
                          //控制函数
Servo myservo1;          //创建一个控制舵机 1 的对象
Servo myservo2;          //创建一个控制舵机 2 的对象
int motor1Pin = 5;       //定义舵机的信号脚
int motor2Pin = 6;

int TrigPin = 9;   //定义超声波传感器的信号脚
int EchoPin = 8;
float distance;    //定义距离的变量

int S1Pin=11; int S2Pin=12;   //定义巡线传感器的引脚

#define OLED_RESET 13   //宏定义，在编译时起作用
Adafruit_SSD1306 display(OLED_RESET);      //声明 display 函数

void SR05_distance(void){   //定义超声波测距函数
```

```
    digitalWrite(TrigPin, LOW);
    delayMicroseconds(2);
    digitalWrite(TrigPin, HIGH);
    delayMicroseconds(10);
    digitalWrite(TrigPin, LOW);
    distance = pulseIn(EchoPin, HIGH) / 58.00;
    }

void display_OLED(int i){              //定义 OLED 显示函数
    display.setTextSize(1);            //设置字体大小
    display.setTextColor(WHITE);       //设置字体颜色为白色
    display.setCursor(0,0);            //设置字体的起始位置
    display.print("distance=");
    display.print(i);
    display.println("cm");
    display.display();                 //把缓存的都显示
    delay(10);                         //适当的延时，为了肉眼可以看得见
    display.clearDisplay();            //清屏
    }

void Line(void){          //定义自动巡线函数
    if((digitalRead(S1Pin) == 0)&&(digitalRead(S2Pin) == 0)){
    //前进，巡线中速度的配合很关键
    myservo1.write(100);
    myservo2.write(83);
    }
    else if((digitalRead(S1Pin) == 1)&&(digitalRead(S2Pin) == 0)){
    //右转
    myservo1.write(98);
    myservo2.write(97);
```

```
    }
    else if((digitalRead(S1Pin) == 0)&&(digitalRead(S2Pin) == 1)){
    //左转
    myservo1.write(86);
    myservo2.write(85);
    }
    else if((digitalRead(S1Pin) == 1)&&(digitalRead(S2Pin) == 1)){
    //静止
    myservo1.write(90);
    myservo2.write(90);
    }
}

void setup() {
    pinMode(TrigPin, OUTPUT);        //Arduino 触发超声波信号为输出
    pinMode(EchoPin, INPUT);         //Arduino 检测脉冲宽度为输入

    pinMode(S1Pin,INPUT);            //配置为输入模式
    pinMode(S2Pin,INPUT);

    myservo1.attach(motor1Pin);      //让 Arduino 的引脚 5 控制舵机 1
    myservo2.attach(motor2Pin);      //让 Arduino 的引脚 6 控制舵机 2
    myservo1.write(90);      //90 代表舵机不动
    myservo2.write(90);      //90 代表舵机不动
    delay(1000);             //前面程序维持 1 s

    Wire.begin();    //开启 IIC 通信
    display.begin(SSD1306_SWITCHCAPVCC);    //初始化液晶屏
    display.clearDisplay();    //清屏

}
```

```
void loop() {
    //调用超声波测距函数，前面已定义
    SR05_distance();
    //调用显示函数，显示 distance=??cm
    display_OLED(distance);
    //进行条件判断
    if(distance < 10){
        //先左转，左转 0.55s
        myservo1.write(80);
        myservo2.write(80);
        delay(550);
        //重复执行右转、直行直到检测到黑线
        while(1){
            if((digitalRead(S1Pin) == 0)||(digitalRead(S2Pin) == 0)){
                myservo1.write(90);
                myservo2.write(90);      //检测到黑线就停止并跳出循环
                break;}
            myservo1.write(105);
            myservo2.write(80);
            delay(200);
            if((digitalRead(S1Pin) == 0)||(digitalRead(S2Pin) == 0)){
                myservo1.write(90);
                myservo2.write(90);
                break;}
            myservo1.write(110);
            myservo2.write(90);
            delay(200);
        }
    }
    else{
```

```
        //自动巡线
        Line();
        }
    }
```

6.3.3　自动巡线（直角锐角拐弯篇）

6.3.1 节已经介绍了基础的自动巡线，然而在一些机器人比赛中，自动巡线的难度会增加，其特点是黑线的轨迹会出现直角乃至锐角，如图 6-3-3 所示。如果只按 6.3.1 节的程序，机器人有可能过不了直角，通过锐角的可能性更低。因此，要使机器人能正常通过直角与锐角，需要对 6.3.1 节的程序进行改进。

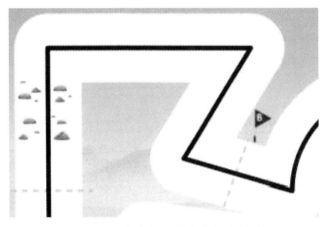

图 6-3-3　含直角和锐角的黑色轨迹

作为编程开发人员，结合机器人调试的现场情况改进程序是很有必要的。开发者可以自行利用黑胶布贴直角、锐角的轨迹，然后基于 6.3.1 节的程序观察情况。通过测试可以发现，在直角位置、锐角位置，机器人会停止。回看程序，停止的原因是传感器探测情况为双白（左白右白），因此，可以考虑在该情况进行程序改进，就是遇到双白时，不是停止，而是有其他动作。

把这个动作命名为"扫描式前进",其含义就是检测情况为双白时,先右转接近 160°,然后一直左转回来直到遇到黑线,如此就能重回黑色轨迹。这里面有一个很重要的细节就是,右转、左转是如何实现的?以右转为例,左轮前进右轮不动可以右转,左轮前进右轮后退也可以右转,左轮不动右轮后退也可以右转,这三者是转的特征各不相同。

程序代码如下:

```
#include <Servo.h>  //加载舵机库,为了后面直接调用舵机控制函数
Servo myservo1;        //创建一个控制舵机 1 的对象
Servo myservo2;        //创建一个控制舵机 2 的对象
int motor1Pin = 5;     //使用变量 motor1 代替 Arduino 的引脚 5
int motor2Pin = 6;     //使用变量 motor2 代替 Arduino 的引脚 6

int S1Pin=11; int S2Pin=12;  //定义巡线传感器的引脚

void setup() {
   pinMode(S1Pin,INPUT);   //配置为输入模式
   pinMode(S2Pin,INPUT);

   myservo1.attach(motor1Pin);  //让 Arduino 的引脚 5 控制舵机 1
   myservo2.attach(motor2Pin);  //让 Arduino 的引脚 6 控制舵机 2
   myservo1.write(90);     //90 代表舵机不动
   myservo2.writc(90);     //90 代表舵机不动
   delay(1000);            //前面程序维持 1 s,即两个舵机静止 1 s
}

void loop() {
   if((digitalRead(S1Pin) == 0)&&(digitalRead(S2Pin) == 0)){
     //前进
     myservo1.write(100);   //设为 100 就是左轮以较小的速度转动
     myservo2.write(83);    //设为 83 就是右轮以较小的速度转动
```

```
    }
else if((digitalRead(S1Pin) == 1)&&(digitalRead(S2Pin) == 0)){
    //右转
    myservo1.write(99);
    myservo2.write(98);
    }
else if((digitalRead(S1Pin) == 0)&&(digitalRead(S2Pin) == 1)){
    //左转
    myservo1.write(85);
    myservo2.write(84);
    }
else if((digitalRead(S1Pin) == 1)&&(digitalRead(S2Pin) == 1)){
    //先前进一点点
    myservo1.write(100);
    myservo2.write(83);
    delay(100);

    //通过延时调节右转的角度
    myservo1.write(115);
    myservo2.write(100);
    delay(1200);

    //一直左转回来直到遇到黑线
    while(1){
        myservo1.write(90);
        myservo2.write(80);
        if((digitalRead(S1Pin) == 0)||(digitalRead(S2Pin) == 0)){
            myservo1.write(90); //停止一下
            myservo2.write(90);
```

```
break;
        }
      }
    }
  }
```

6.4　基于红外遥控的模块化训练

6.4.1　红外遥控+自动避障

红外遥控的基础知识、使用方法以及测试程序均已在 4.2.5 节中讲述，本节将基于红外遥控的测试程序来改进，实现控制机器人，同时为避免遥控时意外撞上障碍物，本程序还将设计自动避障功能：自动调整车头指向安全的角度。

程序代码如下：

```
//加载头文件（以下头文件全打包在名为 MeMCore 的压缩文件里，
//请向老师获取）
#include <Arduino.h>
#include <Wire.h>
#include <SoftwareSerial.h>
#include <MeMCore.h>

#include <Servo.h>     //加载舵机库，为了后面直接调用舵机控制函数
Servo myservo1;             //创建一个控制舵机 1 的对象
Servo myservo2;             //创建一个控制舵机 2 的对象
int motor1Pin = 5;         //使用变量 motor1 代替 Arduino 的引脚 5
int motor2Pin = 6;         //使用变量 motor2 代替 Arduino 的引脚 6
```

```
int ir_Pin = 2; //定义红外接收器的信号脚与 Arduino 的 2 号数字接口
                //连接
MeIR ir; //创建红外接收器的对象（与创建舵机对象类似）

int TrigPin = 9;    //定义超声波传感器的信号脚
int EchoPin = 8;
float distance;    //定义距离的变量

void SR05_distance(void){    //定义超声波测距函数
  digitalWrite(TrigPin, LOW);
  delayMicroseconds(2);
  digitalWrite(TrigPin, HIGH);
  delayMicroseconds(10);
  digitalWrite(TrigPin, LOW);
  distance = pulseIn(EchoPin, HIGH) / 58.00;
  }

void setup(){
  ir.begin();              //开启红外接收
  Serial.begin(9600);      //开启串口，设置串口波特率，为了看红外
                           //接收的数据是什么

  pinMode(TrigPin, OUTPUT);     //Arduino 触发超声波信号为输出
  pinMode(EchoPin, INPUT);      //Arduino 检测脉冲宽度为输入

  myservo1.attach(motor1Pin);   //让 Arduino 的引脚 5 控制舵机 1
  myservo2.attach(motor2Pin);   //让 Arduino 的引脚 6 控制舵机 2
  myservo1.write(90);   //90 代表舵机不动
  myservo2.write(90);   //90 代表舵机不动
  delay(1000);          //前面程序维持 1 s，即两个舵机静止 1 s
}
```

```
void loop(){
   //调用超声波测距函数，前面已定义
   SR05_distance();
   //如果小于安全距离，就左转直到车头指向安全的角度
   if(distance < 15){
      while(1){
         myservo1.write(80);
         myservo2.write(80);
         SR05_distance();       //注意在 while 循环里还要调用测距函数
         if(distance > (20*3)){
            break;}
      }
   }
   else{
      //类似 ir.keyPressed(24)的括号里的数字代码是唯一的，不能修改
      if(ir.keyPressed(24)){
         Serial.println("up");      //前进
         myservo1.write(110);
         myservo2.write(73);
      }
      else if(ir.keyPressed(8)){
         Serial.println("left");    //左转
         myservo1.write(77);
         myservo2.write(76);
      }
      else if(ir.keyPressed(90)){
         Serial.println("right");     //右转
         myservo1.write(105);
         myservo2.write(104);
```

```
      }
      else if(ir.keyPressed(82)){
         Serial.println("down"); //后退
          myservo1.write(80);
          myservo2.write(102);
      }
      else{
          myservo1.write(90); //静止
          myservo2.write(90);
          }
      }
}
```

6.4.2 状态显示+红外遥控+自动避障

6.4.1 节已学习红外遥控+自动避障，本节将增加状态显示功能，利用 OLED 显示屏进行显示，显示内容为两项，第一行为"避障中"或"遥控中"，第二行为障碍物距离信息。

程序代码如下：

```
//加载红外遥控相关的头文件（该头文件全打包在名为 MeMCore 的
//压缩文件里）
#include <Arduino.h>
#include <Wire.h>
#include <SoftwareSerial.h>
#include <MeMCore.h>

#include <SPI.h> //加载显示屏相关头文件
#include <Adafruit_GFX.h>
#include <Adafruit_SSD1306.h>
```

```
#include <Servo.h> //加载舵机库
Servo myservo1;              //创建一个控制舵机 1 的对象
Servo myservo2;              //创建一个控制舵机 2 的对象
int motor1Pin = 5;          //使用变量 motor1 代替 Arduino 的引脚 5
int motor2Pin = 6;          //使用变量 motor2 代替 Arduino 的引脚 6

int ir_Pin = 2; //定义红外接收器的信号脚与 Arduino 的 2 号数字接口
                //连接
MeIR ir; //创建红外接收器的对象（与创建舵机对象类似）

int TrigPin = 9;    //定义超声波传感器的信号脚
int EchoPin = 8;
float distance;    //定义距离的变量

#define OLED_RESET 13    //宏定义，在编译时起作用
Adafruit_SSD1306 display(OLED_RESET); //声明 display 函数

void SR05_distance(void){    //定义超声波测距函数
  digitalWrite(TrigPin, LOW);
  delayMicroseconds(2);
  digitalWrite(TrigPin, HIGH);
  delayMicroseconds(10);
  digitalWrite(TrigPin, LOW);
  distance = pulseIn(EchoPin, HIGH) / 58.00;
  }

void display_OLED(int i,String j){        //定义 OLED 显示函数
  display.setTextSize(1);                 //设置字体大小
  display.setTextColor(WHITE);            //设置字体颜色为白色
  display.setCursor(0,0);                 //设置字体的起始位置
  display.print("distance=");
```

```
        display.print(i);
        display.println("cm");
        display.println(j);
        display.display();                    //把缓存的都显示
        delay(10);                            //适当的延时，为了肉眼可以看得见
        display.clearDisplay();               //清屏
    }

void setup(){
    ir.begin();              //开启红外接收
    Serial.begin(9600);      //开启串口，设置串口波特率，为了看红
                             //外接收的数据是什么

    pinMode(TrigPin, OUTPUT);      //Arduino 触发超声波信号为输出
    pinMode(EchoPin, INPUT);       //Arduino 检测脉冲宽度为输入

    Wire.begin();      //开启 IIC 通信
    display.begin(SSD1306_SWITCHCAPVCC);    //初始化液晶屏
    display.clearDisplay();      //清屏

    myservo1.attach(motor1Pin);    //让 Arduino 的引脚 5 控制舵机 1
    myservo2.attach(motor2Pin);    //让 Arduino 的引脚 6 控制舵机 2
    myservo1.write(90);    //90 代表舵机不动
    myservo2.write(90);    //90 代表舵机不动
    delay(1000);                   //前面程序维持 1 s，即两个舵机静止 1 s
}

void loop(){
    //调用超声波测距函数，前面已定义
    SR05_distance();
    //调用显示函数，显示 distance=??cm
```

```
display_OLED(distance,"IRcontrol");
//如果小于安全距离，就左转直到车头指向安全的角度
if(distance < 15){
while(1){
    myservo1.write(80);
    myservo2.write(80);
    SR05_distance();      //注意在 while 循环里还要调用测距函数
    //调用显示函数，显示 distance=??cm
    display_OLED(distance,"Avoiding");
    if(distance > (20*3)){
        break;}
    }
  }
else{
//类似 ir.keyPressed(24)的括号里的数字代码是唯一的，不能修改
    if(ir.keyPressed(24)){
      Serial.println("up");      //前进
      myservo1.write(110);
      myservo2.write(73);
    }
    else if(ir.keyPressed(8)){
      Serial.println("left");      //左转
      myservo1.write(77);
      myservo2.write(76);
    }
    else if(ir.keyPressed(90)){
      Serial.println("right");      //右转
      myservo1.write(105);
```

```
            myservo2.write(104);
        }
    else if(ir.keyPressed(82)){
        Serial.println("down");      //后退
        myservo1.write(80);
         myservo2.write(102);
        }
    else{
        myservo1.write(90);       //静止
        myservo2.write(90);
         }
    }
}
```

程序效果如图 6-4-1 所示。

图 6-4-1　状态监控

6.5 基于蓝牙的模块化训练

蓝牙遥控+自动避障+状态显示：

除了红外遥控可以控制机器人移动，利用蓝牙遥控也同样可行。通过对比蓝牙遥控与红外遥控的程序，去发现编程的技巧，有助于提高自身的编程能力。

程序代码如下：

```
#include <SPI.h>//加载显示屏相关头文件
#include <Adafruit_GFX.h>
#include <Adafruit_SSD1306.h>

#include <Servo.h>//加载舵机库
Servo myservo1;              //创建一个控制舵机 1 的对象
Servo myservo2;              //创建一个控制舵机 2 的对象
int motor1Pin = 5;           //使用变量 motor1 代替 Arduino 的引脚 5
int motor2Pin = 6;           //使用变量 motor2 代替 Arduino 的引脚 6

int TrigPin = 9;   //定义超声波传感器的信号脚
int EchoPin = 8;
float distance;    //定义距离的变量

#define OLED_RESET 13    //宏定义，在编译时起作用
Adafruit_SSD1306 display(OLED_RESET); //声明 display 函数

void SR05_distance(void){    //定义超声波测距函数
  digitalWrite(TrigPin, LOW);
  delayMicroseconds(2);
  digitalWrite(TrigPin, HIGH);
  delayMicroseconds(10);
  digitalWrite(TrigPin, LOW);
```

```
    distance = pulseIn(EchoPin, HIGH) / 58.00;
    }

void display_OLED(int i,String j){          //定义 OLED 显示函数
    display.setTextSize(1);                 //设置字体大小
    display.setTextColor(WHITE);            //设置字体颜色为白色
    display.setCursor(0,0);                 //设置字体的起始位置
    display.print("distance=");
    display.print(i);
    display.println("cm");
    display.println(j);
    display.display();            //把缓存的都显示
    delay(10);                    //适当的延时为了肉眼可以看得见
    display.clearDisplay();       //清屏
    }

void setup(){
    Serial.begin(9600);   //开启串口，设置串口波特率

    pinMode(TrigPin, OUTPUT);      //Arduino 触发超声波信号为输出
    pinMode(EchoPin, INPUT);       //Arduino 检测脉冲宽度为输入

    Wire.begin();      //开启 IIC 通信
    display.begin(SSD1306_SWITCHCAPVCC);   //初始化液晶屏
    display.clearDisplay();       //清屏

    myservo1.attach(motor1Pin);   //让 Arduino 的引脚 5 控制舵机 1
    myservo2.attach(motor2Pin);   //让 Arduino 的引脚 6 控制舵机 2
    myservo1.write(90);   //90 代表舵机不动
    myservo2.write(90);   //90 代表舵机不动
   delay(1000);                   //前面程序维持 1 s，即两个舵机静止 1 s
```

```
}

void loop(){
    //调用超声波测距函数，前面已定义
    SR05_distance();
    //调用显示函数，显示 distance=??cm
    display_OLED(distance,"Bluetoothcontrol");
    //如果小于安全距离，就左转直到车头指向安全的角度
    if(distance < 15){
    while(1){
        myservo1.write(80);
        myservo2.write(80);
        SR05_distance();     //注意在 while 循环里还要调用测距函数
        //调用显示函数，显示 distance=??cm
        display_OLED(distance,"Avoiding");
        if(distance > (20*3)){
            break;}
        }
    }
    else{
        //蓝牙接收
        if(Serial.available() > 0) //判断缓存区是否接收到字符数据
        {
        char i= Serial.read(); //定义变量 i，同时读取缓存区的字符数据
        switch(i){
            case'2':{
                myservo1.write(110);   //前进
                myservo2.write(73);
                break;
                }
```

```
case'4':{
    myservo1.write(77);      //左转
    myservo2.write(76);
    break;
    }
case'6':{
    myservo1.write(105);     //右转
    myservo2.write(104);
    break;
    }
case'8':{
    myservo1.write(80);      //后退
    myservo2.write(102);
    break;
    }
case'5':{
    myservo1.write(90);      //停止
    myservo2.write(90);
    break;
    }
  }
}
else{
  myservo1.write(90);      //蓝牙不控制时停止
  myservo2.write(90);
  }
 }
}
```

手机蓝牙遥控的方法见 4.2.7 节。

6.6　灭火机器人

6.6.1　灭火机器人设计

如前面章节所述，本书配套的 Arduino 机器人是基础版机器人，添加一些拓展模块之后可以改造出具有应用的样机，利用 180°舵机、火焰传感器、马达、扇叶等，可以改造出一个具有灭火功能的机器人样机。拓展模块的零件如图 6-6-1 所示。

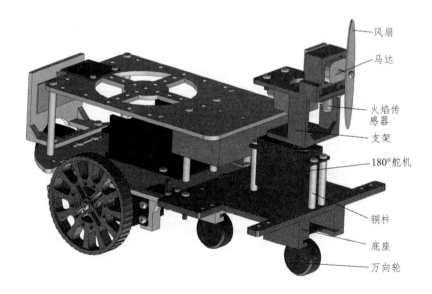

（a）

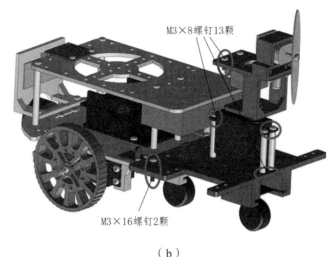

（b）

图 6-6-1　灭火机器人拓展包零件

6.6.2　火焰传感器与继电器模块

在 4.1 节中已介绍过传感器的选择，相信读者已掌握传感器选用的基本原则，本节将以这个案例来介绍一些传感器的选用技巧。

在 6.6.1 节的设计中，已设计介绍了灭火机器人的传感器及其元件的组成，设想的工作原理类似于图 6-6-2。然而，说 Arduino 直接输出控制马达其实是一种不好的说法，正确地来讲，Arduino 与马达之间，还需要一个继电器或者电机驱动模块，如此 Arduino 才能正常地控制马达旋转与否。

图 6-6-2　工作原理

要实现 Arduino 输出控制单个马达，常用继电器模块，只需获取"继电器闭合，马达转动，产生风能；继电器断开，马达静止"的效果。一般来说，分别寻找一个继电器模块和一个火焰传感器即可，然而，强大的市场总会有不断升级的产品，如火焰传感器与继电器一体模块，如图6-6-3 所示。

（a）火焰传感器

（b）继电器

（c）火焰传感器与继电器模块

图 6-6-3　火焰传感器与继电器一体模块

火焰传感器与继电器一体模块简介：

（1）可以检测火焰或者波长在 760 ~ 1 100 nm 的光源，打火机测试火焰距离为 80 cm。火焰强度越大时，测试距离越远。

（2）探测角度为 60°左右，对火焰光谱特别灵敏。

（3）灵敏度可调（图 6-6-3 中蓝色数字电位器调节），调节得越灵敏时，越易受太阳光影响，本书建议调节到刚好不受太阳光影响即可；若把灵敏度调节得过低，则不利于火焰的检测。

（4）模块内部的比较器会输出电信号直接触发继电器吸合。通过调节电位器，可以设定传感器感应火焰的强度，当火焰超过设定阈值时，继电器吸合，公共端与常开端接通；当火焰低于设定阈值时，继电器断开，公共端与常闭端接通。

6.6.3 电路设计

电路连接如图 6-6-4 所示。

图 6-6-4 电路连接

6.6.4 程序设计

灭火机器人的程序将使用外部中断的方法。有关 Arduino UNO 开发板的外部中断介绍，已在 3.1.1 节与 3.2.4 节介绍过。按以往教学经验，学习外部中断具有较大的难度，而外部中断是每一种单片机的高级用法，使用得好，则有利于提高程序的运行效率。本节将围绕灭火机器人详细介绍外部中断的学习，以便读者最大限度地掌握相关知识。

Arduino 程序在 loop()中是不断地循环的。在程序的运行中，时常需要监控一些事件的发生，比如对某一传感器的返回数据进行解析。使用轮询的方式检测，特别加上有些延时语句的使用，会导致效率比较低，而且随着程序功能的增加，轮询到指定功能时需要等待的时间变长。而使用中断方式检测，可以到达实时检测的效果。

中断程序可以看作是一段独立于主程序之外的程序，当中断触发时，控制器会暂停当前正在运行的主程序，而跳转去运行中断程序，中断程序运行完后，会再回到之前主程序暂停的位置，继续运行主程序，如此便可做到实时响应处理事件的效果。中断程序如图 6-6-5 所示。

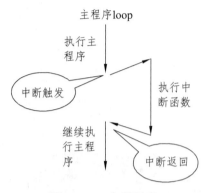

图 6-6-5　中断程序

Arduino UNO 的外部中断见表 6-6-1。

表 6-6-1　外部中断

中断号	触发方式	中断函数
int.0 (D2 引脚) int.1 (D3 引脚)	LOW（低电平触发） HIGH（高电平触发） CHANGE（电平改变触发） RISING（上升沿触发） FALLING（下降沿触发）	setup 里先声明 attachInterrupt (interrupt, fuction, mode)，然后要定义 fuction

注：中断号越低，优先级越高，如 int.0 高于 int.1。

attachInterrupt (interrupt, function, mode) 函数：

interrupt 表示中断号，UNO 板只能用 0 或 1，即代表 2 号、3 号数字接口；

fuction 表示中断函数名，即用来调用定义的中断函数；

mode 表示中断触发方式。

当中断发生时，delay()函数和 millis()的数值将不会继续发生变化。当中断发生时，串口收到的数据可能会丢失，此时需要声明一个变量来在未发生中断时存储变量。如果在程序中途，不需要使用外部中断了，可以用中断分离函数 detachInterrupt(interrupt)来取消这一中断设置。

中断允许在后台运行一些重要任务，默认使能中断。禁止中断时部分函数无法工作，通信中接收到的消息也可能会丢失。noInterrupts() 为禁止中断函数，interrupts() 为重启中断函数。

禁止中断、重新启用中断的使用方法如下：

```
void setup(){
    attachInterrupt(interrupt, fuction, mode);
    }


void loop(){
    noInterrupts();
    //重要、时间敏感的代码写在这里
    interrups();
    //其他代码写在这里，即可以被中断打断的代码
}
```

灭火机器人的程序代码如下：

```
#include <Servo.h>//加载舵机库
Servo myservo1;              //创建一个控制 360°舵机 1 的对象
Servo myservo2;              //创建一个控制 360°舵机 2 的对象
Servo myservo3;              //创建一个控制 180°舵机 3 的对象
int motor1Pin = 5;          //使用变量 motor1 代替 Arduino 的引脚 5
int motor2Pin = 6;          //使用变量 motor2 代替 Arduino 的引脚 6
int motor3Pin = A0;         //使用变量 motor3 代替 Arduino 的引脚 A0
int firePin = 3;            //定义火焰传感器中断触发引脚 3

void outFire(){//定义灭火函数（就是中断函数，它让机器人停下灭火）
    myservo1.write(90);     //前进变停止
    myservo2.write(90);
    myservo3.detach();      //断开 180°舵机的连接，即暂停舵机 3
}

void setup() {
    myservo1.attach(motor1Pin);    //让 Arduino 的引脚 5 控制舵机 1
```

```
    myservo2.attach(motor2Pin);   //让 Arduino 的引脚 6 控制舵机 2
    myservo3.attach(motor3Pin);   //让 Arduino 的引脚 A0 控制舵机 3
    myservo1.write(90);   //90 代表 360°舵机不动
    myservo2.write(90);   //90 代表 360°舵机不动
    myservo3.write(10);   //30 代表 180°舵机初始的位置
    attachInterrupt(1, outFire, HIGH);
//使用 1 通道中断（数字接口为 3），高电平触发灭火函数
}

void loop() {
    myservo3.attach(motor3Pin); //让 Arduino 的引脚 A0 重新控制舵机 3
    myservo1.write(84);   //前进
    myservo2.write(99);
    for(int i=10;i < 160;i++){
        myservo3.write(i);
        delay(30);
        }
    for(int i=160;i > 10;i--){
        myservo3.write(i);
        delay(30);
        }
}
```

附录 1　Arduino 机器人接口配置

附表 1　Arduino 机器人接口配置

传感器或元件名称	传感器或元件接口	Arduino 接口号
红外遥控接收器	S	2
蜂鸣器	红色线	4
左侧舵机（360°）	橙色线	5
右侧舵机（360°）	橙色线	6
超声波传感器	ECHO	8
	TRIG	9
LED 灯	R 或 G 或 B 任一	10
巡线传感器	S1	11
	S2	12
OLED 液晶屏	SDA	A4（SDA）
	SCL	A5（SCL）
灭火装置-舵机（180°）	橙色线	A0
火焰传感器	信号输出	3

附录 2 Arduino 常用函数清单

附表 2 Arduino 常用函数

属性	函数	用途
数字 I/O	pinMode()	配置引脚为输出或输出模式
	digitalWrite()	写数字引脚，对应引脚的高低电平。在写引脚之前，需要将引脚配置为 OUTPUT 模式
	digitalRead()	读数字引脚，返回引脚的高低电平。在读引脚之前，需要将引脚设置为 INPUT 模式
模拟 I/O	analogRead()	读取引脚模拟值
	analogWrite()	写一个模拟值（PWM）到引脚
指高级 I/O	pulseIn()	读引脚的脉冲，脉冲可以是 HIGH 或 LOW。如果是 HIGH，函数先将引脚变为高电平，然后开始计时，一直到变为低电平为止。返回脉冲持续的时间长短，单位为毫秒（ms）。如果超时还没有读到，将返回 0
时间	millis ()	获取机器运行的时间长度，单位为毫秒（ms）
	delay()	延时，单位为毫秒（ms）
	delayMicroseconds()	延时，单位为微秒（μm）

属性	函数	用途
数学库	min(a, b)	取 a 和 b 之间的最小值
	max(a, b)	取 a 和 b 之间的最大值
	abs(x)	求绝对值
	constrain(amt, low, high)	如果值 amt 小于 low，则返回 low；如果 amt 大于 high，则返回 high；否则，返回 amt。一般可以用于将值归一化到某个区间
	pow()	指数函数
	sqrt()	开平方
位操作	lowByte(w)	取低字节
	highByte(w)	取高字节
	bitRead(value, bit)	读一个 bit
	bitWrite(value, bit, bitvalue)	写一个 bit
	bitSet(value, bit)	置高一个比特位
	bitClear(value, bit)	清空一个比特位
	bit(b)	生成相应 bit
设置中断函数	attachInterrupt()	设置中断，在 setup 里面使用
	detachInterrupt	取消中断
	interrupts()	一般用于重开中断
	noInterrupts()	关中断
串口通信	Serial.begin()	打开串口
	Serial.available()	获取串口上可读取的数据的字节数

属性	函数	用途
串口通信	Serial.read()	读串口数据
	Serial.print()	往串口发数据，无自动换行
	Serial.println()	往串口发数据，类似 Serial. print()，但有自动换行
	Serial.write()	默认是写二进制数据到串口，数据是一个字节一个字节地发送的，可以更改成发送十六进制数据，若以字符形式发送数字应使用 print()代替

参考文献

[1] 秦志强. Arduino 机器人制作、编程与竞赛（初级）[M]. 北京：电子工业出版社，2018.

[2] 秦志强. 基础机器人制作与编程[M]. 2 版. 北京：电子工业出版社，2011.

[3] GORDON MCCOMB. Arduino 机器人制作指南[M]. 唐乐,译. 北京：科学出版社，2014.

[4] 毛勇. 机器人的天空——基于 Arduino 的机器人制作[M]. 北京：清华大学出版社，2014.

[5] 钟柏昌. Arduino 机器人设计与制作[M]. 石家庄：河北教育出版社，2016.

[6] 谢作如,张禄. Arduino 创意机器人入门[M]. 北京：人民邮电出版社，2016.

[7] MICHAEL MARGOLIS. 学 Arduino 玩转机器人制作[M]. 臧海波,译. 北京：人民邮电出版社，2014.

[8] 高山. Arduino &乐高创意机器人制作教程[M]. 北京：清华大学出版社，2017.